サッチャー、松永安左エ門……
電力の本質を見抜いた人たち

リーダーと電力

井上琢郎

もくじ

まえがき

第一章　英国電力が冷戦の勝利に寄与した物語

サッチャー首相の地位を不動にしたフォークランド戦争　28
アーサー王といわれた炭労委員長　29
電力公社総裁が男爵に　31
サッチャー首相は冷戦終結の大功労者　35
春秋の筆法では英国電力が功労者　36
嵐をついて設備を守る電力の現場職員　38
親日家マーシャル総裁　39
世界的名声の日本製鋼所　40
〝一品物《いっぴんもの》〟を作る強み　42
日本のゆくて　43
モチはモチ屋と海外業務は社外プロに　44
電力会社も海外事務所にふみ切る　45

平岩社長の英断――45
英国駐在前の私の業務体験――47
日本は援助を受けたり与えたり――49
若い時から目立った荒木元会長――50
団員はミニスカートをはじめて見る――51
社内での出張報告が波紋？――52
米国メーカーの圧倒的実力　五十年先の未来予想が的中――53
火力・原子力の人事交流――55
GE社との契約――57
英会話でも荒木元会長が先行――58
事務所コスト抑制の厳命――59
渡航時お世話になったかたへの感謝――60
チャタムハウスと谷口富裕さん――63
パストラルと言ってほめられた――66
英国女性採用で英国の扉が開く――69

一人の人が何度も海外駐在 71
ロンドンで後発、ワシントンは先発 73
三井物産槍田会長の「逆さ地図」 75
世界の人を日本の味方に 76
会社の国際経験が深まる 77

第二章　電力民営化で日本は一等国の仲間入り──電力の鬼　松永安左エ門翁

電力民営化と松永翁 80
電力民営化に至る電力の歴史 81
自由競争時代から国家管理へ 83
日本の敗戦と電気事業再編成 84
世間の松永翁の像を修正 85
松永案が国会提出へ 88
ポツダム政令で再編成決定 88

「電力の鬼」の名は全国に広まる——89
電力人事で首相側近を起用——90
民営化直後、世間の度肝を抜く——92
電力民営化は日本の国産——93
関東大震災の真只中に長期ビジョン立案のすごさ——94
福澤先生の教えが人間の形をとった——98
池田勇人氏の決断を未亡人が追想——100
ポツダム政令は占領時代の手続上の問題——101
高度成長の成功への布石——103
松永翁の初期指導が道をつける——104
料金値上げと需要予測的中が柱——105
火主水従へ、石炭から石油へ——106
日本のエネルギー革命の推進者で実現者——107
松永翁に任せた吉田首相、池田成彬氏——108
絹のハンカチと野武士——109

松永総理待望論 111
政界の巨頭に私は布袋《ほてい》と述べる 112
日本文明を世界の中で考えるトインビー翻訳 113
「釈迦金棺出現図」 115
ありし日の松永翁 117
電力再編成についての動き 118
戦争の終りを予言 120
サラリーマンに自家用車と予言 121
只見川の発電能力を見抜く 122
松永委員会発足のいきさつ 123
松永審議会の答申が二本立て 124
池田勇人氏が松永案に軍配 127
青木均一、太田垣士郎氏が賛成 129
ポツダム政令で実施 130
日発出身のかたがた 131

公益委、新会社の発足　138
国のため自ら格下げを買って出た児玉大将と松永翁　140
国営と民営のちがい　144
東京電力のトップ人事　146

第三章　民営電力会社の歩み

対立両社合併時の困難　154
私のくるのをブツブツいうとは　156
公益委の廃止と菅会長の時代　157
うかがい文書は○○してしかるべきや　159
菅会長の名人事　160
堀越常務の思い出　161
石坂泰三氏の心をうつ歌　162
松根宗一氏の回顧談　163
電源開発会社の設立　164

広域運営のスタート 166
「男は火吹竹を吹くな」――菅会長の名言 166
占領下の時代感覚と明治の精神 168
外国通の日本人が日本の電力を評価 171
世界一の現場力が日本の武器 173
現場にいたすぐれた人々 175
よい学校出ていないとえらくなれない？ 176
英国の鉄道サービスに難儀 177
青木社長の綱紀粛正は真面目な社員にしみわたる 179
木川田社長の就任 180
東京電力か関東電力か？ 182
新井会長受入れに木川田氏の動き 185
木川田氏は民営護持の役割果す 186
静かに大胆に改革された平岩会長 187
社員が社外活動へ 189

ＮＨＫ経営委員に篠崎さん 189
「テプコ浅草館」の閉館を嘆く 191
金杉支社もう一言 193
「需用家」と呼ばず「お客さま」と 194
全身にサービス精神の那須社長 194
大器荒木会長が民営化の仕上げ 196
後継のトップ陣 197

第四章　電力の国家管理

営々努力の民間資産をとり上げ 202
軍トップに国営化を批判 203
井上準之助氏の金解禁の真意は軍事予算の抑制 204
日本発送電の設立 205
第二次電力国策 207
憲兵隊の取調べ 208

小林一三氏が商工大臣に　211
偉大な人河合栄治郎氏　211
戦争末期の広島—東京間の通信線は電力のみが保有　214

第五章　自由競争と自主協調の時代

日本の現行体制　219
当初の事業許可基準は政治的　220
東京地区の競争　221
自由競争の仲裁者に小泉元総理の祖父も　222
電力連盟の結成　225
小林一三氏、福澤桃介氏の面影　225

第六章　大正昭和の政治社会情勢

大正デモクラシーとは何か　232
軍国主義で摘まれた大正デモクラシーの芽　233

軍事予算膨張から戦争への道 234
西園寺公が天皇の臣の暗殺を嘆く 235
開戦を防ぐ目的での金解禁 236
愛知一中生の全員予科練応募 238
帰国兵士に聞いた日本軍の軍紀 241
日本の教育をどうするか 242
電力の歴史はどう影響を受けたか 244

第七章　大震災についての私の個人意見

OBとしての苦しい心境 249
地元採用中心の真面目で正直な社員 251
半世紀先の予言を適中させたGE社の驚くべき技術 257
事故が起こると予想できなかった私 259
「歴史」の見方に立つと、東電は反省すべきだが、東電のみが一〇〇％悪者なのか？ 260
原子力は石油価格交渉の切り札だった 264

あとがき

平家、海軍、国際派 266
事実は小説よりも奇なり 268
日本人通訳の意図的誤訳が日本人の国際理解に影響 269
小学校英語教育に注目 271
電力会社の信用の問題 273

参考文献

年表

まえがき

電力会社が世界歴史を動かしたことがあるという珍しいお話をお読み下さい

大震災の被害を受けているかたがたには、心からお見舞を申し上げます。私共被災地から離れている人間には、現地のご苦労について本当のところはわかっていないと思いますが、少しでもお役に立つことがないか考えています。老齢の私ではお役に立たず申し訳なく、周辺の仲間と有志でささやかな寄付をすることしかできません。

私は前半生は会社づとめをしたが、ここ十年以上は、趣味のオペラに打ちこんだ生活を送ってきた。オペラ鑑賞、オペラの歌曲合唱、オペラ舞台でのエキストラ出演などをしているうち、大学の成人講座でオペラ入門の講師を頼まれた。音楽のしろうとなので、分不相応だと思ったが、入門段階の人が対象なので、大専門家の話は難かし過ぎる場合もあり、私程度の人間の使い道もあったようだ。

今回の大震災が起り、私も過去の経験に照らし、考える所があったが、何しろオペラなどを趣味にする人間は、世間様から見れば、ひま人と見られ、発言の資格はないかもしれない、と発表することはご遠慮すべきかと考えた。

しかし私は過去に会社の辞令で英国に駐在したことがあり、英国と日本のリーダーと電力の関係について観察する機会があった。それは今日の日本にとって参考になる所があると思われるので、この著書を通じ、皆様に私の経験をお話し申し上げることとさせて頂く。

一九八〇年代の初めというと、今から三十年前であるが、私はサッチャー首相就任早々の英国に赴任した。発足したばかりのサッチャー政権の基盤はまだ強固でなく、強力な石炭労組のストが起り、発電の大部分を石炭に依存していた英国電力（当時は公社）は大停電の危機に直面した。過去の例からみると、大停電が起ればサッチャー政権は崩壊の恐れがあると懸念された。しかし英国電力の大努力で大停電は起らず、サッチャー政権は、その位置にとどまり、政権基盤は強まった。安定政権のサッチャー首相は対ソ強硬政策をとり、東西冷戦の西側勝利に大きく寄与した。

私は英国電力がサッチャー政権を守り、サッチャー首相が西側勝利に寄与したことから、この二つの事柄をつなげて考えると「英国電力は西側勝利に大きく貢献した」と考えた。いいかえれば英国電力は二十世紀の世界歴史を動かした、二十世紀の世界史の一ページを刻んだといえるのではないか、と考えた。

このように二つの事件がつながっていることを指摘する論法を春秋の筆法と呼ぶが、私は以上の実例は、まさに春秋の筆法にぴったりの事例であると思う。英国の電力が炭労ストに負けることなく停電を防いだのは、休止中の火力発電所の再活用によるなどの諸対策の故であるが、今日の大震災後の日本の電力確保対策にも通ずるものがある。サッチャー首相が、その地位を守ったことは、電力会社総裁に指導力のあるマーシャル総裁を選んだことに大きな理由があると考えられ、私はこの例にリーダーと電力の関係を見たと思った。サッチャー首相は、電力会社にさほど細かい指示を下さなかったと思うが、電力の重要性を認識し総裁に適任者を選んだものと思われる。サッチャー首相は、停電回避の総裁の功績を認め、総裁を男爵とした。英国は今日に至るまで貴族制度が残っているのである。

英国におけるリーダーと電力の関係を春秋の筆法を援用して説明してきたが、実は日本でも電力会社の動きが、世界の歴史を動かし世界歴史に一ページを刻んだことがあるのに気がついた。それは何かというと、右記の英国の例より少し前の一九五〇年代、今から六十年ほど前に、日本の電力界で大きな出来事が起りました。一九五一年まで電力は戦時体制として国営化されていたのが、電力の鬼と仇名された松永安左エ門翁の絶大な力量により、その年から民営化されたのです。松永翁は組織面で民営化をなし遂げただけでなく、新発足の民営会社を公益事業委員となって指導し、政府見通しの倍以上、電力需要が伸びると予言し、それに見合う大電源開発を実施させました。その後の日本の電力需要の伸び率は松永翁の見通しすら上廻るほどの年率十%以上となったので、松永翁と民営電力の働きがなければ、その後の日本の電力需要はまかなえず、日本の高度成長も、日本の経済大国化、世界の一等国入りも果せなかったのです。私は日本の電力会社は、このことにより二十世紀の世界の歴史を書きかえたと考えます。

ここで春秋の筆法で述べますと「日本の民営電力の大電源開発により、日本は戦後の短期間で世界の一等国入りを果した」といえると考えます。

そして、この日本の例においても、吉田茂首相と旧三井財閥の実力者池田成彬氏という日本のリーダーが、旧国営電力体制の受益者の反対で困難視された民営化企画、実施の責任者として松永安左エ門翁という最適任者を選択したことに、日本のリーダーが電力の重要性を正しく認識し、最適任者を選んだという、誠にすばらしい実例をみることができる。

その結果として、日本の民営電力会社は、戦後の悪条件の残っていた開業当初を除いて、早期に体制を整え、以来六十年になるが、停電はきわめて少なく、安定した電力供給を続けている。全国津々浦々に膨大な設備を建設、運転している大規模企業としては事故が少なく、死亡事故など最も少ない産業と思われる。

電力供給が停電が少なく、安定していることは世界の最高水準であると、先日も日本の外国通の有識者（後述）が新聞紙上で評価しておられ、ありがたいお言葉であるが、事実であると思う。あるテレビを見ていたら、電力会社は企業合理化をせず、物品の購買でも、請負工事の発注でも、高い値段で契約している、と述べていたが、私の聞いている実態とは全く違う。電力会社は民間企業として合理化、コストダウンに長い以前から大きな努力をしていると承知しており、一部のテレビで電力会社は合理化していないと言っているのは悪意か実態を知らないか、何かの理由で電力会社を悪者にしようとしているのであろう。

心配になって、テレビ関係のかたがたにうかがったところ、電力会社が厳しい節約をして合理化をはかっていることは知っているとご返事があったので安心した。

電力会社は民営であり、民営企業というのは、合理化、コストダウンしなければやっていけないものだ。税金から予算を得て運営している官営の企業とは原理が異なる。日本の行政官庁は行政面ですぐれた組織であると思う。行政では行政官庁を大いに活用すべきと思うが、企業の運営は民間が適していると考える。最近、行政関係のかたがたに時々、おあいすると電力関係者とも協力して大震災の早期復旧に当ろうと力強いお言葉を頂いており、嬉しく思っている。色々な関係者がバラバラに動いているとの心配も聞かれるが、協力するところはちゃんと協力しているのは、さすが日本だと思う。

吉田首相、池田成彬氏というすぐれたリーダーが、電力事業の民営化実現のため、松永翁を選び、その後の運営をまかせたことに、私は日本の幸せを思うのである。

以上、英国と日本の電力会社が共に世界の歴史に一ページを加えるような働きをしたという私の見方を述べたが、私はもう一つ、両国について、その似通ったところではなく、国による特色の違いについての私の観察を述べたい。

英国も日本も二十世紀において、人類史に刻印されるような大きな足跡を残している。しかし世界史の中の位置づけで見ると、英国は知名度や影響力が目立ち、成熟したオトナの智慧には日本が見習うべき所がある。日本も傑出した国であるが、最近の繁栄は日本を豊かさで慢心させ、国民の心を弱体化し、将来に危惧を抱かせるに至っている。日本人は英国人のオトナの行動様式を弱さと誤解し、重くみない傾向もあるが、その長所をとり入れ、二十一世紀以降の世界の発展、人類の発展に寄与するよう努めるべきであると思う。

英国と日本の違いを一言で表わすとすれば、私は「パストラルな風景の英国と、男は火吹竹を吹くなの日本」という言葉が浮んできます。それはどういう意味かと申しますと私は英国駐在中に、当時ロンドン配電局総裁のジェフリーズ総裁に、英国南部の田園地帯を案内して頂き、あまりの平和な美しさに、思わず「パストラル」の一語を発したことがありました。その時、日本人にしては、ちょっとしゃれた言葉だと思われたらしく、ジェフリーズ総裁に、よい言葉を知っていると言われました。たまたま思いついて発した言葉ですが、後で考えると私の英国経験を集約する言葉でもあったと思います。

英国の広大な田園地帯は、まさしくパストラル（田園的）な美しい地帯であって、自然の美しさが、それはそれは見事です。英国の植民地帝国時代を経て蓄積された富による人口的な自然であり、英国の一つの象徴と思います。英国人は植民地から得た富を奢侈的に浪費するよりも、自然の豊かさを人為的に育くみ、その中の平穏な人間的、ホームスイートホーム的な生活を理想として選択したものと思われます。このパストラルな風景をエンジョイする主人公は富裕階級でありましょうが、少くとも最近までは、富裕階級に仕える階級が、その分に応じた生活を楽しんでいたと思われます。

それと対比して、日本の第二次大戦後における刻苦勉励は、大きな富を産み、世界に誇る経済大国をつくり上げました。その功績は不滅ですが、その果実の使途は英国と異なった。より奢侈的、都会的に消費されることが多かったと思います。その成果は、国民の経済水準の向上にストレートに役立ち、例えば過去に軍国主義の起る一因となった地方の女性の人身売買とか飢餓からの解放など、その功績は、はかり知れません。しかし好事魔多しと言いますか、若い階層が生育期間に苦労の体験が少なくなり、次世代を背負う気概のある者とない者に分たれたようにみられることが日本の将来に心配を残しています。

東京電力の名経営者であった菅　禮之助翁は東京電力の社員に対し、「男は火吹竹を吹くな」の名言を述べられました。男は家庭の中で料理や風呂たきのために火吹竹を吹いていないで社会の仕事に専念せよの意味です。これは松永安左エ門翁の大号令を受けて、東京電力における大電源開発を推進された菅翁の大号令であると共に、江戸時代、明治以来の日本の伝統、文化が占領軍の政策等により失なわれることを憂えた警世の名言であったと思われます。その頃から女性の地位が向上しつつあったのはよいことであったと考えますが、菅翁の真意は日本のすぐれた伝統の断絶を懸念されたことにあると思われ、女性の活動を閉じこめることが本意ではない、当時この種の警世の言葉を聞くことがほとんどなかったことを思うと、歴史に残る名言ではないかと思う。

しかし当時から半世紀は経過していると思われるので、日本のよき伝統文化を後世に伝えることの重要性は決して変らないが、火吹竹を女性だけに吹かせるという文言は、日英の対比を示す言葉としては新しい言葉を考えてもよい時期かと思う。しかし菅会長の名言は、如何にも日本らしい特色をあらわしているので、私は英国と日本の特長を「パストラルな風景の英国と、男は火吹竹を吹くなの日本」という言葉で表わしては如何と考えましたが、半世紀経ちましたので若干新時代向けに「パストラルな風景の英国とトインビーが認めた独自の伝統文化の日本」と変えて両国の特色をあらわしては如何かと考えます。

まえがきがすっかり長くなりましたが、私は十年以上前から、日本ヴェルディ協会その他オペラ関係のボランティアの仕事を続けていますが、その昔は電力会社につとめており、昨年来、電力の歴史を書きはじめていました。その途中で、本年に入り大震災が起りましたので、電力の通史と私の経験の一部をとりまとめ、以下本書において、皆様に私の思いの一雫《ひとしずく》をお読み頂きたいと思います。

この書物も長文となりましたので、小見出しをつけ、お時間のないかたがたは小見出しの中から拾い読みして頂くことも、できるようにいたしました。

なお本書執筆に当りましては、電力会社には一切取材しておらず、誰にも相談せず、私一人の意見を述べましたことをお断り申し上げます。

本書のタイトル（題名）は出版元の（株）財界研究所の命名であることを申し添えます。

本書執筆の前に、私は雑誌出版の「政経社」（長田隆治社長）より依頼され、同社発行の月刊誌「政経人」に「電力界の歴史　電力の思い出の一滴（ひとしずく）」と題して二〇一〇年四月号より一年余連載しました。今回、以前から寄稿したことのある「（株）財界研究所」（村田博文社長）より電力の歴史を中心に執筆するよう依頼を受けましたので、「政経社」のご了解を得て、「政経人」連載記事の中から本書に色々と引用させて頂いたことを御礼申し上げます。

本書の出版に当りましては、（株）財界研究所の村田博文社長に多大のお世話を頂き、厚く御礼申し上げます。同社の畑山崇浩氏には本書の担当として、その他の皆さんにもお世話になりましたことを感謝申し上げます。

第一章

英国電力が冷戦の勝利に寄与した物語

私はちょうど三十年前に東京電力の初代ロンドン事務所長を命ぜられたので、先ずその頃の思い出から始めさせて頂く。

サッチャー首相の地位を不動にしたフォークランド戦争

サッチャー首相

英国へ赴任したのは一九八〇年代の初めでサッチャー政権が一九七九年に発足した早々の頃であった。サッチャーさんはその後旭日昇天の大宰相となったが、最初は政権基盤がまだ固まらず、前途は不透明だった。その頃南米アルゼンチンの近くの英国領フォークランド島に、元同島を所有したアルゼンチン軍が侵攻し、これへの英国側の対応策として内閣の閣僚はみな不戦論であったのに、サッチャー首相だけが断固として開戦を主張し、フォークランド戦争が始まった。着任早々の私はタクシーの運転手から、おまえはどう思うかと質問され、英国が正しいと思うと答えたら、彼は大変な喜びようであった。戦争は英国の圧勝で終わり、同島の英国帰属は守られた。国威の低迷を嘆いていた英国民は狂喜し、サッチャー政権の基盤は一挙に盤石の強みに達した。

アーサー王といわれた炭労委員長

ちょうどその頃、英国では炭労（石炭労働組合）にアーサー・スカーギルという強力な委員長が存在し、その勢力の強さから、昔の英国王の名をもじってアーサー王（キング・アーサー）と綽名されていた。スカーギル委員長は政府の低能率炭鉱閉山に反対する炭労の要求を貫徹すべく、炭労にゼネストを指令し、ゼネストが開始された。

当時の英国電力の供給源は、同国で産出量の多い石炭を燃料とする火力発電が圧倒的に高い比率を占めていた。その頃すでに供給源の多角化をかなり進めていた日本とくらべても、その供給体制は脆弱で、炭労のゼネストにより、石炭の入手が閉ざされれば、電力供給が危ぶまれる状態だった。

英国ではその少し前に悪い前例があった。十年前のヒース保守党内閣は、炭労のストに起因する大停電の責任で退陣に追い込まれた実績があったのだ。サッチャー内閣も同じ轍《てつ》を踏むのではないかとの懸念がひろまった。

私は日本の電力会社からロンドンに派遣され、エネルギー事情を調査している身であるから、東京電力の上層部から英国の中央電力公社（当時）に紹介されている関係を利用して、同社の炭労ストに対応する作戦を色々聞かせてもらった。

マーシャル総裁

炭労ストについてサッチャー首相は、王様にもたとえられるほどの強敵スカーギルに対して少しもひるまず、炭労の主張に正面から対決した。その時にサッチャー首相を全面的に支えたのが、英国中央電力公社であり、同社のウォルター・マーシャル総裁であった。

マーシャル総裁は原子力公社総裁から転じた人で、電力の経験は余りない人であったが、指導力にすぐれ、電力公社内のエキスパートを活用してストへの対抗策をくりひろげた。

政府対炭労の対決は、英国電力公社が万策を用いて電力供給を守り抜いたため、炭労が力尽きてゼネストを維持できなくなり、政府側の全面勝利となった。

英国は過去に全世界に対し帝国主義的に進出しながら、国内向けに社会主義政策を実施して世界の先駆者的役割を果たしてきた。すなわち労組による労働者の地位向上、社会福祉制度の創設による弱者保護などは人類の歴史を進めたものといえるが、これらの行き過ぎによる財政負担などの病弊に悩んでいた。この行き過ぎに待ったをかける役割をサッチャー首相が初めて果たしたといってよく、この意味での新しい歴史の先駆者となったといえよう。

サッチャー首相は、炭労との戦いを通して、新しい時代を切り開くと共に、停電に追いこまれるのを防いだことにより自己の政権を守り通した。フォークランド戦争の勝利と炭労ストへの勝利により、サッチャー政権の基盤は盤石となり、その後の長期政権が展開されることとなった。

電力公社総裁が男爵に

サッチャー首相は炭労スト時に全面的に支えてくれた電力公社の貢献を大いに喜び、マーシャル総裁を男爵とした。日本でも戦争前は、有力実業家が貴族に名を列せられており、例えば元東京電燈会長の郷誠之助氏、三井、三菱等大財閥の本家当主などは、いずれも男爵となっていた。ただし財界人で貴族に列せられた中には、本人の出自による場合もあり、財界活動だけで貴族となるとは限らなかったが。戦後の日本は貴族制度が廃止されてそういうことはなくなったが、今も制度が存続していれ

郷誠之助男爵

ば、電力会社首脳などが男爵に叙されることがあったかもしれない。時代の変化であるが、私は英国に駐在していたので、英国には今も古い貴族制度が残っていることを実感した。今日では貴族制度は過去の遺物として、日本人の意識にのぼることは少ないが、人間の社会のあり方は様々であり、機会の均等は大切であるが、人間の資質能力等には非常に大きな格差があるので、これを社会構造の中にどのように反映するかについては、色々の見解があるであろう。

マーシャル総裁の呼び名は、私が英国に着任した当初から二転、三転した。最初はミスター・マーシャル。これは普通人と同じ呼ばれ方である。次いでナイト

（準男爵）に叙せられた。そこで英国の慣例でサー・ウォルターと姓でなく名前のほうで呼ばれるようになった。三番目に男爵となると、ロード・マーシャル・オブ・ゴアリングと呼ばれた。最後にゴアリングとつくのは、貴族は領地をもっているという建前で、そういう形式の呼び名となった。英国の社会の仕組みが日本と大きく違う中で、特別の出自をもっていないマーシャルさんは、その実力で英国社会の序列をかけ上がった人だった。

ご参考までに英国の貴族の序列を述べると、公《こう》侯《こう》伯《はく》子《し》男《だん》と戦前の日本では呼んでいた。公爵が一番上、それから順番に侯爵、伯爵、子爵、男爵と続く。現在の英国のエリザベス女王の夫君はエジンバラ公爵、最近結婚した英国の王子は結婚して爵位を授与され、ケンブリッジ公爵と呼ばれることになった。英国の小説を読む時、爵位を知っていれば参考になると思う。

ついでにクリスマスカードを出す時の宛名の書き方に触れると、大臣経験者などには氏名の前にオナラブルと書く。大使は現役だけでなく経験者についても、ヒズ・エクセレンシーと書くことを知った。大使は一国を代表するので尊重され、特命全権大使（ヒズ・エクセレンシー　エクストラオーディナリー　アンドプレニポテンシャル）と呼ばれるのが一般的である。日本でも第二次大戦前は大使は閣下と呼ばれていた。

マーシャルさんはえらくなったがえらぶらないお人柄で、私如きに対しても、いつもにこにこと親切に応待して下さった。実態は原子力の総裁から電力公社に転じた人で、当時の英国の制度ではイングランドの発送電を一手に司どる公社の総裁、日本でいえば国家管理時代の日発総裁（日本発送電総裁）に当たる人。英国のエネルギー技術の最高権威で、私が交際した英国の原子力、電力技術者が心から尊敬していた。彼等が私に対してマーシャルさんについて話すのを聞いていて、彼等の尊敬の念がじかに伝わってきた。

元来原子力屋のマーシャルさんが炭労争議を乗りきったのには、電力公社生え抜きの役職員の懸命の補佐で、例えば石炭以外を使う火力発電所で当時休止中だったものの再活用など多くの施策が効を奏したと聞いた。これも同総裁の人望とリーダーシップのなせるわざでもあったろう。この時の英国電力のスト乗り切り対策は、今回の日本の震災乗り切り策とも共通する所が多いようだが、英国の場合は石炭火力への依存度が大きく、代替電源の種類が限られていたので、より一層困難が大きかったかもしれない。

マーシャル総裁は後にサッチャー首相とはやや疎遠になったと聞いたが、炭労ストを克服した電力公社の功績は不滅のもので、私は電力会社に職を奉じた経験のある一員として、電力会社がこのように社会に大きな貢献を果たしたことを観察し、誇りに感じている。

サッチャー首相は冷戦終結の大功労者

もう少し時代が下って東西冷戦の対決が最終局面に近づいた頃、危篤の病人が一時、元気を取り戻すかのように、東側は西側に対し、優勢かのように見える場面があった。東側陣営の領域内に、欧州の西側各国に照準を合わせた中距離核爆弾発射基地が配備された。ソ連は効果的な宣伝文句として西側に対し「赤か死か」（レッド・オア・デッド）と威嚇した。赤か死かどちらを選ぶか、という語呂合わせのおどし言葉であるが、西側各国はすくみ上がり、対抗手段を講ずることすら自ら回避する姿勢を見せた。レッド・オア・デッドというのは効果的な威嚇の標語だなと感じた。共産主義というのは固いものとの印象をもっていたが、標語づくりは上手だと思った。往年、回教徒が教徒以外に対して、コーランか剱かと迫ったという故事も思い合せて、人間の思想信条についての争いの厳しさを感じた。この時、サッチャーが起ち上がり、断固として英国内にソ連向け中距離核爆弾発射基地を配備した。彼女はさらに、渋る欧州各国にソ連に対抗する基地の設置を説得し、同調国を得ていった。これにより東西陣営は互角の体制となり、ソ連の一方的優位は失われた。

この頃、米国のレーガン大統領も強腰の対ソ政策をとり、大陸間弾道弾ＩＣＢＭの防御兵器開発推進を唱えてソ連側を恐れさせていたが、サッチャー首相はこれに強い賛意と同調を示したことがソ連側に圧力となった。

このようなサッチャー首相の一貫した信念と行動が、経済的に行きづまりつつあった東側への最後の打撃となり、遂に東西冷戦での西側の勝利がもたらされたのであった。

春秋の筆法では英国電力が功労者

上記のような推移を英国駐在中および帰国後にわたり観察していて、西側勝利の最大貢献者の一人はサッチャー首相だと思った。もう一つ私は、世に言う「春秋の筆法」という見方があると考えた。「春秋の筆法」というのは、字引を引くと「ちょっと意外に思われるかもしれないが、甲という事柄が深い所で乙という事柄と関連がある」ということを指摘する論法である。

この論法でもって、西側勝利への貢献者を考えるとどうなるか。

第一に、英国の大停電を防止したのは英国電力公社の功績で、それはサッチャー政権の存続を守った。

第二にサッチャー首相が政権にとどまった結果、彼女が東西冷戦終結の立役者となった。

この二つの話をつなげると、英国電力公社は、東西冷戦終結の大功労者ということになるではないか。

これが私流の「春秋の筆法」の一席である。

私は電力会社に所属した人間として、電力会社の働きが世界の歴史に大きな影響を与えたと考えるのはうれしいことであった。それ故《ゆえ》、ここに私流の「春秋の筆法」をご披露し、多くのかたに英国電力会社が果たした役割を知って頂きたいと考えた。

マーシャル総裁はすでに亡くなられたのが残念だが、ご健在であれば、私の「春秋の筆法」を申し上げ、敬意を表したかったと思う。この小文を通して、多くの人に総裁の事蹟を知って頂くことを天上で喜んで頂ければと思う。

嵐をついて設備を守る電力の現場職員

話は変わるが、私は電力会社に職を奉じて、電力会社は地味な職場と感ずることが多かった。例えば、私は現場の支社長という職にあった時、世間のかたたちが家に避難する嵐のさ中にあっても、支社の職員は台風をついて電気の確保や復旧に出動するのを、支社の前でよく見送ったものだ。このように地道に電気の供給を支えている電力会社の実態は、それ程世間に知られていないと私は思っていたが、英国電力公社の炭労スト乗りきりの努力が世界の歴史に貢献したことをお話するのは、電力が縁の下の力持ちとして大切な役割を果たしていることを世間に知って頂くことにつながればありがたいと考えているからだ。

最近は福島の原子力問題でご迷惑をかけ、申訳ありませんが、平素の電力会社は社会のため一生けんめい仕事をしていると考えています。今回のことを反省し、努力してまいりたいと思いますが、この紙面をお借りして私は日本のマスメディアの皆様をはじめ、世間の各界各層のかたがたに電力会社の果たしている役割、努力についてのご理解、ご指導を切にお願いしたいと思います。

親日家マーシャル総裁

マーシャル総裁は大変な親日家でもあった。英国電力公社総裁であった時など、しばしば来日された。私はロンドン勤務を終えて帰国后、総裁が来日されると会社の指示でアテンド役（お世話役）を務めたこともあった。

総裁は日本の電力会社や社会の仕組みが見事に運営されていると考えておられたと思われ、日本の電力会社の首脳と面会して、英国電力運営の参考に資したいとの気持ちをお持ちだったのだろう。また当時の英国電力は国家管理であった。マーシャルさんは国営電力の総裁として電力民営化の課題をかかえておられ、一足先に民営化し順調に発展している日本の実態を知りたいというお気持ちもあったと思われる。

もう一つの総裁の関心は、日本の原子力技術メーカーの視察であった。来日するたびに日本のメーカーをいくつか廻っておられた。それは東芝、日立、三菱重工のような総合電機メーカーだけでなく、もう少し専門分野のメーカーにも及んでいたようだ。日本の専門メーカーには、日本での知名度以上に、海外でよく知られている高レベル技術保有者があり、英国電力の機器採用のために、自ら日本のメーカーを視察されたのであったが、技術者出身の経営者としては、楽しいお仕事であったろうとご想像していた。

世界的名声の日本製鋼所

例えば北海道室蘭に主力工場をもつ日本製鋼所は、原子力専門技術で世界一の名声を誇る企業である。同社の起源は、明治時代に北海道炭鉱会社（北炭）が、経営の一部分であった鉄道部門が国営化により政府に買収されたため、その売却代を活用して製鉄業に進出しようとし、結局は製鋼業と兵器製造業に進出することとなって、英国の有力会社ヴィッカース、アームストロング両社と提携し、日本製鋼所としてスタートしたものである。その設立の経緯については、日本経済新聞連載の「私の履歴書」シリーズ中の昭和三十五年九月分の石塚粂蔵《くめぞう》氏（当時日本製鋼所会長）の記述中に述べられている。同社はその世界的知名度から考えても、日本国内でもっと知られてよい会社であると思う。なお私が石塚氏の「私の履歴書」を読んだきっかけは、「私の履歴書」の愛読者である畏友吉田勝昭氏（前日本ケミファ常務）のご教示によるもので、感謝の意を表する。

余談になるが、同社の製造する原子炉格納容器は世界で最もすぐれているといわれ、世界中の原子力発電所で採用されている日本の誇るべき製品である。

雑誌「政経人」に拙稿を連載中に日本製鋼所が原子力発電所の製品メーカーとして世界的に有名であることを述べた。製品名を書かなかったので、何をつくっているのかご質問があった。お答えを書こうと思っていたら、ちょうど行きつけの図書館で、ぴったりの文献を見つけたので、それをご紹介して、お答えとしたい。

それはＶｏｉｃｅ（ヴォイス）というＰＨＰ研究所発行の雑誌二〇一〇年二月号で、「原子炉格納庫と日本刀」という題で、作家の江上剛氏の執筆である。左にその一部を引用させて頂く。

“一品物《いっぴんもの》”を作る強み

日本製鋼所の工場が北海道の室蘭にある。そこでは同社が世界に誇る原子力発電の原子炉格納庫を製造している。同社は、明治四十年（一九〇七年）に兵器国産化を目的に日本企業と英国アームストロング社、ビッカース社との合弁企業として出発し、日露戦争で活躍した戦艦三笠の砲身を製造したことでも有名だ。

同社は、世界一の技術力で一体型というつなぎ目のない原子炉格納庫を製造している。六〇〇トンもの巨大な鋼のインゴットを叩き、削って製造するのだが、世界のどこの会社も同社と同じ物を製造することが出来ない。従って世界の国々の原子力発電所建設は、同社が原子炉格納庫を製造してくれなければ、一歩も前に進まない。同社次第ということになる。（中略）

同社の工場の敷地内に「瑞泉鍛力所」がある。ここでは大正七年（一九一八年）から日本刀を作っている。刀匠を社員として遇し、現在は六代目が、自然光の中で、炎を見つめ、昔ながらのやり方で刀を打っている。

なぜ日本刀を作る技術を保存しているのか。それは日本刀と原子炉格納庫作りの技術が同じだからに他ならない。日本刀作りが同社の技術の原点なのだ。同社を見ていると、世界でここでしか製造できない、一品物というべき付加価値の高い製品作りこそ、日本の生きる道ではないかと思えてくる。

世界の日本製鋼所が世間に幅広く知られるためには、以上に引用した江上氏の文章は達意の名文で、同社技術の卓越ぶりを見事に伝えていると思う。

日本のゆくて

日本は核武装を自力でできるだけの技術をもつと思われるが、核武装をすべきであるまい。そのかわり、攻撃力に劣った国が自国の安全確保をはかるためには並大抵でない覚悟が必要である。これまで日米安保体制に守られ六十五年間平和が守られたことで、これからも口で平和を唱えるだけで平和が守れると思うのは、とんでもない考え違いである。日本はあらゆる手段を動員して自衛の手段を講ずべきであるが、以上述べたように日本の技術が世界的に高水準にあることをフルに活用しなければならない。日本の各界が日本の有力メーカーの存在をこれまで以上に重く見て、自衛手段を考えるに当たって効果的な活用をはかるべきであると思う。

モチはモチ屋と海外業務は社外プロに

電力会社は商品を輸出しない会社であり、海外との関係は、燃料の調達、機器の輸入、外資の導入などであった。一九六〇年代以降くらいから原子力時代になってから、核燃料の輸入について米国規制当局との関係、使用済み核燃料の再処理についての英仏両国への依頼などが新しく生じてきた。社内において、担当者が海外業務の処理に当たってはいたが、モチはモチ屋の考えで、電力会社では、商社、石油会社、金融機関等に海外業務を依頼することが多かった。

そういうわけで、電力会社内では、海外業務に従事する者が限られており、経験者が少なかった。しかし戦後は環境が変わった。急速な国際化の進展の中にあって、事業運営に当たっての国際情勢の見きわめの必要が高まり、化石燃料の海外依存度が量的にも比率的にも増大したことに加え、原子力についての海外とのかかわりも増えて、電力会社としても、モチ屋におまかせするだけでなく、自前での判断処理も必要となり、一部電力会社で海外事務所が設置され、業界団体である電事連事務局が駐在者を出すようになった。

電力会社も海外事務所にふみ切る

私がロンドンに派遣されたのは、電力会社が海外事務所をおくようになったからである。

昭和二十六年に電力が民営化された電力再編成後、電力界の海外事務所としては関西電力が外資導入に関連してニューヨークに事務所を開設したのが最初だった。次いで東京電力がワシントンに事務所を開設、その後にロンドン事務所を開いた。関西電力はさらにパリに事務所をおいた。中部電力はワシントン、ロンドンに事務所を設けた。九州電力ではシンガポール事務所を持っていると聞いた。電気事業連合会（電事連）では、事務局付としてワシントン駐在をおいている。

以上は私の聞いている範囲で、もし洩れがあったらお許し頂きたい。

平岩社長の英断

東京電力では先行したワシントン事務所の設置後、一九七〇年代後半ごろロン

平岩外四氏

ドンについて検討され、ちょうど石油ショックの後遺症などで、会社の収支状態が厳しかったので、海外事務所開きには経理上の負担も大きいことから、平岩外四社長は大変判断に悩まれたと思われる。

一九八〇年にロンドン事務所設置が決定され、私が同所設置準備および設置後の駐在を命ぜられ、一九八一年正月に赴任し、挨拶まわりをしていたところ、ある日本企業のロンドン支店長から、なぜ電力会社が来る必要があるのかと問われた。当時は、そういう見方の人も少なくなかったと思われる。私はエネルギー事情の調査など開設の目的を説明して、ご理解を頂いて廻った。

このような世間の風潮の中で、会社の収支は苦しいが、将来のためには国際情勢を自分自身でも摑まねばならぬと考えられた平岩社長は、苦悩の中に決断されたのであろう。

以上のように厳しい状況下に船出をしたロンドン事務所であったが、その後、世界情勢は激変し、電力会社も経営上、世界の動向を把握して進むことが、ロンドン事務所設立の頃とくらべ比較にならない程、重要度を増したと思う。また社内において国際関係に通ずる社員の必要性も格段に増したし、国内での諸団体との交誼上からも当社が国内専門の企業でございますと、のほほんとしてはいられなくなったと思う。

そしてまた海外要員の育成は短時間ではできない。この時期に開設したから東京電力はよい時期に態勢をととのえることができた。このように海外事務所設置の決断は、まことに将来を見通したものであって、東京電力の平岩外四社長の決断は、会社のため、真に適切な、タイミングのよい英断であって、私如きの申し上げることではないかと思うが、心から深い敬意を抱いている。

英国駐在前の私の業務体験

私がロンドンに派遣されたいきさつにちょっと触れておく。

くわしく覚えていないが、ある日、全く予想もしていなかった私は、役員室に呼ばれ、ロンドン行きを内示され、びっくりした。

　私がなぜ選ばれたか私はわからないが、私がその時点までに会社で海外業務の経験をどの位してきたかを振り返ってみると、三回ほどで、当社の中では若干経験があった方かと思う。

　第一はコロンボ・プランという国際的取り決めにより、当社が海外発展途上国の技術者を受け入れて当社技術についての研修を受けてもらう仕事だった。私はその仕事を担当の一つとする課の課長をしていた。私は研修生の研修計画を立案・調整し、スムーズに気持よく研修を受けて頂くよう気配りする役割だった。研修生は、風俗習慣の全く異なるアラブ、アフリカ、中南米等の人々で、帰国したら各国ですぐ要職に就くエリートが多かったと思う。はじめ、ぎっしりとした研修計画をたてたら反撥され、ゆるやかに修正したら歓迎された。私は研修内容が充実し、びっしりと内容がつめこまれていればよいと当初思っていたが実際は違った。彼等は色々日本を見たり楽しんで帰りたいのだ。それと国民性がちがう。珍談、奇談も少なくなく、一つだけ言えば、ある若い研修生は母国に帰国したら二番目の奥さんを迎え、最初の夫人と同じ屋根の下に住まわせると述べていた。

日本は援助を受けたり与えたり

後年、私の学友の西垣昭氏（元大蔵次官）が海外経済協力基金総裁となったが、同氏は「日本は海外への援助について特別の立場にある。日本は、戦後、先進国の援助を受けたが、現在は開発途上国に大きな援助をしている。援助を受ける立場と援助をする立場と両方を経験している日本は、その珍しい経験を生かして適切な海外援助を進めるべきだ」という趣旨を述べていた記憶がある。私も私自身の限られた体験から途上国援助の難しさを感じた。ちょうど私が担当課長をしている時、当社は、海外技術者研修に貢献したとして、外務大臣表彰を受けたことは嬉しい思い出であった。

第二は、私が財務課の課員をしていた時代に戦前の外債の事後処理の仕事と、新規の外資導入業務の補助の仕事に当たったことである。戦前当社の前身東京電燈は外債を発行したが、戦争を経てもその利払いは行われた。その利払い済みの利札が当社に送られてくるのを処理処分する仕事を担当したが、いわば銀行員のような仕事だった。英国からは英国大使館経由で送られてきたが、その送り状には駐英日本大使館のいかめしいお墨つきがついており、大使館員垂水公正氏の署名があった。民間外債であるが、その戦後処理に政府がかかわっていたので、そういうことが行われていた。垂水氏は私の学友で、最近亡くなられたが、その時は大蔵省から大使館に出向中で、後にはアジア開発銀行の総裁となった人である。私は利札を手にとって仕分けする細かい作業をしながら、同期生でも役人になった人は、ずい分えらくなっているな、と感じたものだった。

その垂水氏は、英国大使館の勤務時代に同期生の外務省勤務の谷田正躬氏（のちバチカン駐在大使など）が、当時コンゴ駐在の臨時代理大使として来英し、その接遇をしたと語ったことがあり、役人になった人たちもその時々で色々と動きがあるものだと感じたことがある。

若い時から目立った荒木元会長

私も職場でぼやいているばかりでなく、黙々と仕事に励んだが、それだけであった。ところが、同じ職場にこられた若き日の荒木浩東電元社長・会長は、この利札処理業務は東電が扱う仕事でないと銀行に移すことを提案、実現されたと聞いた。若い時から仕事の上でも目立っておられたが、人柄も明るく人に好かれるかたで職場で人気があった。

この職場（財務課）でのもう一つの外資導入業務では、私は新参者だったので直接の交渉には参加せず、後述の加藤俊一氏などが大苦労していたが、当時の日本は今と違い途上国扱いされていたので、貸し手側から苛酷な要求が次々と出されることが伝わってきた。電気料金を上げよという内政干渉のような要求が出て、口惜しい思いをした。

団員はミニスカートをはじめて見る

三つ目の海外とかかわる仕事としては、原子力発電を当社で開始するための準備業務を担当した。この部門は技術者が主流で、私のような事務屋は若かった故もあり、縁の下の力持ちの仕事であった。次々と外国へ原子力の勉強に派遣される技術者の渡航の手伝い、現地への日本の新聞切り抜きの送付、留守宅への連絡、空港への送迎などであった。

それでいて私は外国に行かなかった。このあと電気事業連合会事務局に出向、MOF（大蔵省）担ならぬMITI（通産省）担当で勉強し、帰社して原子力に戻り、最後に一度だけ、欧米出張となった。原子力産業会議の海外原子力発電経済性調査団の一員として、欧米各国を一ケ月くらい廻った。当時の出張は今より長期間の場合が多かった。後年色々つながりのできた英国中央電力公社では開催中の国際会議に数日出席したと思うが、後年の英国駐在のためには願ってもない良い経験であった。

この出張の時期がどういう時代であったか一言触れるとロンドンの町中でミニスカートがはやっており、街角でポスターをはっている若い女性が後ろ向きで背のびをすると、スカートが短かいので足のずっと上の方まで見えてしまう。日本ではまだミニスカートは見られない時代だったので皆でびっくりしたものだった。今の時代より世界の流行が日本に伝わるのには時間がかかったようだ。

社内での出張報告が波紋？

この団の経験のハイライトは米国GE社への訪問で、団が同社でスクープした情報を私も帰国後、社内で報告したが、その報告書がトップの決裁箱に入ったまま、いつまでもお下げ渡しにならなかった。秘書室のかたが私のことを心配して、何か不穏当なことを書いたのではないかと問い合わせがあった。実はこのGE情報は世界の原子力発電の先行きについて、当時の多数説と全く異なることを述べており、当時原子力導入の最終段階にあった当社経営者にとって最大の関心事だったのだ。このようなめぐり合わせで書類の下げ渡しがおくれたので、問題はなかったのだが、秘書のかたのご親切には今も感謝している。情報は、二十一世紀までを予測してGEタイプの原子力発電所の優位を予言したもので、その予言はその後約半世紀を経た現在、完全に適中している。私は今日に至るまで有力米国メーカーの力はおそるべきものと思っている、がこれについては重要なことと思うので次に少しくわしく述べたい。

米国メーカーの圧倒的実力　五十年先の未来予想が的中

私がGE社を訪問したのは昭和四十年代のはじめ頃であったと思う。昭和四十年というのは一九六五年である。日本原子力産業会議（略称原産。現在は改組され原子力産業協会となっている）というのは、民間企業が結集した原子力平和利用の有力団体である。この原産が派遣した調査団の一員として世界を一周し、米国でGE社を訪問した。GE社の発言は次の通りであった。

一、GE社が当時開発中で、世界に販売を開始する段階にあった沸騰水型炉（BWR）は、完全に経済性を確立している。

二、この炉（軽水型の一種）は二十世紀中はもちろん、二十一世紀に至るまで世界市場を支配する。

三、現在、世界では、軽水型にすぐ続いて近いうちに高速増殖型が登場すると言われているが、その実用化は二十一世紀に入って以降となる。

という三点であった。

この発言は五十年前の私たちにとって衝撃的であっただけでなく、驚くべきことに五十年後の今日、完全に適中しているのである。

人間は将来を予測することは困難である。近い将来のことでも予測は難かしい。しかし、ここに述べたことは、GE社が売り出しを始めたばかりの新商品について五十年先のことを予言し、それが適中したのである。これは神わざといってもよいことで、ＧＥ社の技術が如何に卓越したものであるかという証明であると思う。

世界の原子力発電は当初多種類の炉型が競争したが、米国の軽水型（ＢＷＲとＰＷＲ）が世界を征覇し、今日、全世界で採用されている。英国のガス冷却型が一時、有望視されたが、今日では英国でも軽水型にかじを切っている。日本では実用炉では英国型を一基だけ導入し、その他はすべて軽水型である。

火力・原子力の人事交流

原子力発電の実用化に至る過程をふり返ると、アイゼンハワー大統領の原子力平和利用の声明が出され、急速に実用化が進むとみられたが、商業用の開発には思ったより時間を要し、原子力導入は一時期スローダウンといわれ、おくれ気味になったことがある。日本は戦時中のおくれで、将来エネルギーとして期待される原子力発電を導入するためには先進国の米英から輸入するほかなかったが、ここでやや待たされることになった。その時期に私は原子力部門と火力部門の人材交流を提言したことがある。当社の原子力では優秀な理論家が多いが、その頃は何しろまだ出来ていないので実地体験がない。火力は、その頃、当社発電の大宗で、豊富な現場経験をもつ技術者の宝庫であり、しかも技術的に原子力と似ている。原子力導入がややおくれているこの時期は人材交流の好機と考えたからだ。実現には色々難しい面もあったが、とり上げては頂いたようで、後の当社の技術陣の構成にはよい影響があったと思っている。

竹内哲夫氏

これに関連して記しておきたいのは、当時の若手原子力技術者竹内哲夫氏のことだ。同氏は通産省の次官から当時東電副社長になっておられた石原武夫氏出張に随行し、東電には優秀な技術者がいるとお目にとまったそうだ。私はその話を財務課で同僚だった加藤俊一氏（のち東電取締役経理部長）から聞いたが、この竹内氏はこの頃原子力から火力部門へ人材交流で転勤し、のちに当社火力部長になったが、火力、原子力両部門に通ずる逸材として東電副社長を経て政府の原子力委員の要職に就かれた。火力、原子力両部門に経験の深い人材は非常に貴重であると思う。若い時の思い出話の一つとして触れさせて頂いた。

GE社との契約

私にとって思い出深いもう一つは、いよいよ原子力発電受け入れ準備がととのい、米国GE社からBWR型原子力発電所を導入することとなり、その契約交渉に陪席したことであった。この交渉は松永長男原子力部次長と松岡實資材部長代理がチーフとなり、来日したGE社クレイグ氏らとの間に激しい契約交渉が展開された。

上記のお二人は契約交渉に最適の人材で、松永長男さんは、原子力平和利用分野で新規に誕生した原子力組織の設立、原子力法規についての民間意見の提言などに電力界の智慧袋として活躍されたかたで、知る人ぞ知る重要な存在であった。

このGE社との交渉でも、米国有利の条文をひっさげてきた強気のGE社に対し、裁判籍は日本、契約言語の日本語優先などを主張し巧みな交渉ぶりを学ばせて頂いたが、画期的な契約にこぎつけた。交渉用語は英語で日本人通訳が入ったが、松永さんは契約交渉に臨むため、アガサ・クリスティやコナン・ドイルの推理小説をほとんど読破されて英語、英国を学ばれたという。私も松永さんの爪のあかでも煎じてのめばよかったと今になって反省しても及ぶところでない。しかし、この契約交渉に臨席し得たことは大変な勉強だった。この他にも、原子力技術者の脇で仕事をしていたことも、英国駐在時代は私のプラスになった。

ＧＥ社との契約交渉が終わったあと、松永さん以下でクレイグ氏等の送別会を開いた。松永さんはクラシック音楽の大愛好家で、専門誌にレコード批評欄の執筆を頼まれていた程の人であったが、その席上では、全力を尽くして交渉した相手の前で、立ち上り、曲名は忘れたがクラシックのアリアを歌唱された。私は松永さんは大正デモクラシーの世代が生んだ日本文化と西洋文化の伝統をあわせもった国際人であると思う。

英会話でも荒木元会長が先行

最後につけ加えると、私は社内有志の自腹の英会話研修の仲間に入り、かなり長く勉強していた。どうも余り上達しなかった。なまけ者の私が自主勉強したのは感心だが、この仲間には、前記の荒木浩元会長も入っておられ、熱心な参加者であった。私より英語がお上手であったと思う。

荒木さんの思い出をもう一つ述べると、銀座支社でも同じ職場におられたことがあったが、現場の仕事で大きな成果をあげられ、社内表彰を受けられたことがあった。「せんだんは双葉より芳し」という言葉があるが、これは、荒木さんのようなかたのための言葉ではないかと思うことである。

事務所コスト抑制の厳命

社長が会社の収支の厳しい中でロンドン開設を決められたので、私の出発前に、事務所運営のコスト抑制について厳しいご指示があった。那須翔副社長（その後平岩社長を継いで社長就任）と経理担当の岩佐瑞夫副社長から、平岩社長のご指示であるとして、強く命令された。同じ趣旨で駐在員数も厳しく抑えられた。私は駐在中、この指示を固く守って行動した。経費を圧縮しながら、後々の使い勝手を考え、事務所などを選定したので、購入時より資産価値も上昇し、会社には役立ったと思う。

社宅さがしでは、土、日も全部つぶして探し廻り、夜や風雨の日や休日の状態も見て、私の後の所長のことも考えて巾広い観点から適切な物件を選んだつもりだが、最近になり、売却された。売却価格は私が購入した時の円価格だけでなく、ポンド建てでも購入価格を上まわったというので、会社に損をかけなかったということで満足している。

渡航時お世話になったかたへの感謝

渡航にあたり会社上層部から英国、欧州の有力者にご紹介を頂き、同地での仕事に大きなご助力を頂いた。

私はロンドン行きに全力をあげる覚悟であったが、私の知識経験は不十分と思ったので、海外経験のある先達のお智慧を借りるべきと考え、出発前は、国内の海外通、取引先など経験者に挨拶まわりし、ご意見を拝聴した。

先達の意見は有益なものとつくづく感じ入った。某社では日本の上司が来られた時、現地の所長のことを現地の部下が悪口をいった場合に上司が所長の意見をたずねないで、所長を叱るのは非常によくないことだとアドバイスがあったが、これは私にいわれても難かしい問題だと思った。企業が海外事務所をもって年月をかけて会得していく問題ではないかと思った。

当時総務部長になっておられたと思うが、荒木浩さんが、英国通の有力者に面会させて下さった。お相手は後の駐イタリア大使の英《はなぶさ》正道さんで、英国経験も豊富な、きわめてすぐれた外交官で、現在は日伊協会会長など幅広く活動されている。同大使は慶應大学のご出身で、日本国憲法についてのご著書があり、前文の改訂について卓見を述べておられる。日本国憲法改正のあかつきには、同大使の提言がとり入れられることを期待している。

順子夫人は、イタリー最大のオペラ作曲家ヴェルディの愛好家の集まり日本ヴェルディ協会（理事長代行原山氏）などを通じ、日伊文化交流に貢献された結果、イタリア国から上級の勲章をお受けになっている。英さんは渡航前の私に最も有益なご指導を賜わり、その後も今日に至るまで、親しくご指導、ご厚誼を頂いている。ヴェルディ協会は日本の著名なオペラ評論家永竹由幸氏が創立者の一員だが、同氏もイタリアの高位の勲章を受けられたのはめでたい。

英国への出発に際し、以前勤務した金杉支社の私の後任大塚益男支社長はじめ管理職から地元浅草名産の日本人形を贈って頂いた。英国で来客用に飾らせて頂き、よろこばれた。厚く御礼申し上げる。

ここで、私自身のことで恐縮ですが、ロンドン在勤中や、その前後に、数えきれぬ程のかたのご指導、ご配慮を頂き、一々お名前を申し上げて御礼を申し上げるべき所、紙面もないので、この誌上にて皆々様に心から御礼のご挨拶を申し述べます。

辞令受領後は、挨拶まわりと合わせ、英国への渡航許可取得に全力を上げた。英国は当時、失業率が高く、失業者減少に力を入れており、外国労働者の入国に厳しく、当社の申請は容易に認められなかった。

ようやく入国許可を得た所で、私の実父が死亡したが、許可取得に手間どったので、葬儀には出たものの、葬儀直後あわただしく正月松の内に渡英した。

私の実父は仕事上ヨーロッパに知己のある人だったので、父にも私を紹介してもらおうと思ったが、私の発令頃から、すでに病が重く、英国へ行くことになったと病床で語りかけたが、聞こえたかどうか、よくわからなかったのは残念だった。父と私は同種の会社に勤めたが、仕事の話をすることは、ほとんどなかった。私はＧＥ社を訪問した時、一種のスクープがあったが、このことを父に話さなかった。離れて住み両名とも超多忙であった上、違う会社の人間に自社での調査内容を話すことには消極的な気持が働いたのだったろう。実際には我々の調査結果は、原子力産業会議が報告書の形で公刊したので、話しても差支えなかったのだが、何しろ忙しかった。後年、父は高速増殖炉を日本で自主開発する仕事（動力炉・核燃料開発事業団）にたずさわるようになったので、話しておけばよかったと、今に至るも心の片隅に引っかかっている。

チャタムハウスと谷口富裕さん

英国でお世話になったかたがたの中から関係官庁のかたに多大のご指導を頂いたことに触れたい。特別のお引きまわしを賜わったかたとして、谷口富裕さん（通産省出身、当時王立国際問題研究所《別名チャタムハウス》出向、前国際原子力機関事務局次長）は、私に対し「英国において調査の仕事をするあなたは、チャタムハウスで講演して顔を広めなければいけませんよ」とご教示下さり、ご自身がチャタムハウスに出向しておられるので、私が講演するようチャタムハウス側と交渉、実現して下さった。チャタムハウスは国際的に権威のある研究所である。ロンドン事務所に対し、全くのご好意で大きなご助力、ご支援を頂いたことを心から感謝申し上げます。スピーチに当っては、英国ではやわらかい言葉を入れるようにと言われていたので、日英両国は島国でよく似ているけれども、英国はドーバー海峡を泳いで渡れるようだが、日本は大陸隣国ともっと離れていて泳いで渡れないと述べたところ笑い声も聞えたので、私の英語もある程度は通じたようだ。

谷口さんは帰国後、東大教授になられ、その後、国際原子力機関（IAEA）の事務局次長として活躍された。IAEAは東北大震災後の福島第一原発（福一）問題で日本で大きな注目を浴びている。谷口さんは引退された模様であるが、日本が重要な国際機関にすぐれた人材を派遣していたことは心強い。谷口さんの今後のご活躍を期待したい。

谷口さんのおかげで私はチャタムハウスで講演し、笑い声を聞くこともできたが、欧米人のスピーチはすばらしいもので、私など到底及ばないと思った一例をここでご紹介したい。

一九九〇年代のはじめ、父親の方のブッシュ大統領が来日したとき、宴席で体調をこわして倒れた直後の同夫人のスピーチである。私は英字新聞で読み、名スピーチに感心したが、日本語に翻訳してご紹介すると、大統領が倒れ、列席者は騒然としている。夫人は夫のことが心配で気が気ではないでしょうに、咄嗟に「これは駐日アメリカ大使のせいだ。大使が今日の昼間、大統領と組んでテニスに負けたせいだ」と話したのです。これで日本側に責任はないよと言って日本側を安心させ、テニスのせいだと冗談めかして言って会場が深刻になるのをしずめ、夫人が落ち着いていることで問題の拡大をおさえるといった幾つもの絶妙な役割をこのスピーチは果たしたのです。

緊急事態にあたり予定原稿も渡されている筈もないのに、このような名スピーチができるというのは神わざのようで、地味といわれたブッシュ夫人の大きな力量と、欧米のもつ文化というものを感じました。

欧米の女性は夫同伴で会合に出る機会が多く、平素から社交、意見表明の経験をもち、習練を積んでいるということで、必要ある時は外助の功もするという心がまえをもっているということでしょう。

英雄ナポレオン皇帝の皇后ジョセフィンも中南米の小植民地島の出身で、学問などは余りしなかったようですが、大社交会を常々主催し、多くの紳士淑女のお相手をして、すべての出席者のあこがれの対象であったといわれるのは、大きな器量の持ち主であったのでしょう。

日本の女性はこの頃、社会的経験を積むかたが多く、話も上手になられたことと思います。

もう一人、三村清さん（通産省出身、当時ジェトロ・ロンドン事務所長）には、私の着任早々から、不慣れの私に懇切に英国事情を教えて頂き、家族ぐるみで各所にご案内、ご指導下さり、二十年以上経った今も親しくご指導賜わっており、有難いご縁と思っています。明確な信念をお持ちで、英国人とわけへだてなく交際されて、英国人にも尊敬されておられたと思う。

パストラルと言ってほめられた

英国での仕事は、情報を得ることであったから、人を知らねばならない。私共の事務所が、商取引をするなら、取引を通じて情報が入りやすいが、私共は取引をしないので、友好関係、人間的な信頼関係を結ぶことが大切だと考えた。親しくなれば情報交換が進むと思った。

当社上層部から英国の要人に、ご紹介状を頂いたので、この関係は、ロンドン事務所の財産として大切にさせて頂いたが、これを拡大して情報ルートを拡げ、情報のネットワークをつくる計画を立て、実施していった。

当社上層部の紹介状を相手方が真剣に受け取って下さった例をあげると、ロンドン配電庁のD・G・ジェフリーズ総裁（電力民営化後のナショナル・グリッド会長）は、ある日、私を英国の南海岸へのドライブに誘って下さり、途中の田園風景が余りに美しいので、私が「パストラル」といってしまったら、「日本人がしゃれた表現を使う」とほめられた。私はただ田園交響曲を英語でパストラル・シンフォニーと呼ぶのを覚えていてパストラルといっただけだが、クラシック音楽の知識に助けられたと思った。エリート階層のかたと話すには、コトバに留意する必要があることを感じだ。ジェフリーズさんが連れていって下さった英国の田園、牧草地の光景は誠に美しく、日本の皆様も訪問されるとお気に入ると思う。ジェフリーズさんは、後に来日され、東電を訪問されたとき、ロンドン事務所の開設の苦労に触れて下さったので感謝している。海外事務所の開設の苦労は、本国のかたがたには報告はしているが、波濤万里をへだて、私共着任以来、風俗習慣をはじめ、万事に文化ギャップを感じて驚いていることなので、本国のかたがたには、なかなか実感して頂くのは難かしい。私はすでに帰国していたが、海外から相手国のかたがこられ、日本の本社のかたに話して頂くのは有難いことであった。

私は初代で開設業務が忙がしく、その上、駐在員数もおさえられていたので、超多忙で、自由時間は少なかったが、英国で思い出に残る所としてグラインドボーンオペラハウスがある。これはロンドンを南に下り、海岸のブライトン近くまでいったグラインドボーンと言う伯爵の領地に伯爵が歌手の夫人のため城のとなりにオペラハウスをつくったもので、世界から名歌手を呼んで、夏場にオペラを上演している。

出席者は男性はブラックタイ（タキシード着用）、女性はそれ相応となっており、貴族社会の雰囲気をうかがうことができる別天地である。ただし日本語字幕はないので、オペラ好きの人にだけおすすめしている。

英国女性採用で英国の扉が開く

ロンドン配電庁のダウ人事部長には、ロンドン事務所の女子職員パトリシア・ホドキンさんをご紹介頂いた大恩がある。日本が原子力発電第一号を輸入するため官民が話し合い日本原子力発電会社（原電）が設立された。同社が先ず英国型の東海発電所を導入したとき、関係のあった英国機械学会の泰斗、フレッチャーさんの秘書をしていた人である。フレッチャーさんは、日本人の事務所に入ったホドキンさんを心配してPTAの父親のように、しばしば私に接触されたので、ホドキンさんも交え食事をするなど親しくご交誼頂いた。

フレッチャー氏(右)とホドキン夫人

ホドキンさんは、英国人への面会申し込みをわれわれ日本人が行うと、電話の交換段階から滞ることが多いのに、この人に頼めば、魔法のように先方の扉が開ける人であった。関係先に

ホドキン夫人(右)と
ジュリア・クーパーさん

顔が広く、連絡のツボをよく知っている人だった。彼女の英語の文章は格調ある名文で、受け取り先に当事務所が評価されることにつながり、仕事の進捗に寄与し、ロンドン事務所の声価を高めた。私とは仕事上スムースな信頼関係があり、大変忠誠心のある人で、私に帰国辞令が出たとき、どうしても辞職するというので、強く懇願し、残留してもらった。英国の秘書は職につく時、会社以上に上司を選ぶ傾向もあるようだ。ホドキンさんという、すばらしい補佐役を選ぶことができ、私自身のロンドンの仕事も、これから成果が得られると思っていたのが、短期間で帰国辞令が出て残念だった。ホドキンさんの辞意は強かったが、私は会社のために間違いなく役立つ人と確信し、慰留に成功した。私の後任の所長はじめ皆さんも、ホドキンさんの力倆を生かして下さったようで喜んでいる。おかげでその後も長くロンドンで功績があったが、病気で亡くなられたのは本当に残念だ。もしもう一度、英国へ旅行できれば、フレッチャーさんとホドキンさんの墓前に花をささげたいと思う。

ホドキンさんのことをとくにとり上げたが、日本人でロンドン在住の女子も採用し、貢献して頂いた。松村伸子さんやスケイフ日出美さんには長く勤務して頂き、記憶に残っている。ただホドキンさんは英国人で、その上フレッチャーさんの秘書として関係先への顔が広く、当事務所の英国への扉というべき人だったので、とくに詳しく述べさせて頂いた。

一人の人が何度も海外駐在

私の在任の後半頃、本店からロンドンに赴任してきた榊原由之氏は、原子力技術者であったが、その経歴は、おそらく当社はじめてのことで、ロンドン駐在のあと、後に電事連勤務となりワシントンに駐在した。海外勤務の少なかった東電で、二ケ所に長期駐在する人が出たことは、世の中の変化の激しさを感じさせた。私は、それはよいことだと感じた。ロンドン駐在の日本企業を見ると、同一人が何回もロンドン勤務を繰り返している例が多い。こういう人は二回目以降、魚が水を得たように活躍していて、さぞ企業のために役立つだろうと思われた。

現に私のいとこの大澤佳雄氏は興銀勤務で、ちょうど私が赴任したとき、二度目のロンドン勤務をしていたので、親身に面倒をみてくれた。私は前述の通り事務所や社宅を探すのに、平日の状態を検分するのでは充分ではないと考え、日曜休日や雨の日にも検分に出向いたが、彼は日曜にもしばしば私の面倒をみてくれ、深く感謝している。この人はクラシック音楽好きで日本へ帰国してから珍しいことをやっている。しばらく日本でビジネスをしたあと中軽井沢にパイプオルガンのホールをつくり、時々演奏会を開いている。同氏の弟と共同の事業で、パイプオルガンをフランスから輸入し、弟の方はフランスのメーカーでの製作作業にも参加して、完成後はオルガンのメンテナンスもこなしているようだ。

日本人はすぐれた伝統文化に加え、欧米の文化の消化吸収に高い実績を示し始めており、大正デモクラシーの狙いとしたものの果実が実ってきているようにも思えるのは心強い。

話は変わるが、私の英国駐在時に人から聞いた話で私自身のかかわったことではないが、これから海外事務所を開設しようとする会社のかたに参考になるかと思われる話があるのでご披露する。

私は海外勤務の新人であったので、ロンドンにおける日本人の企業や官庁などを実に頻繁に訪問し、ご交誼を頂いたが、某日本企業のロンドン支店長から屡々悩みを打ち明けられたことがある。その企業の日本からの駐在員は支店長を含め二名であり、部下は一人だけであった。その部下は東京本社の方だけを向いて仕事をし、支店長を相手にしないという。これは難かしい問題で私は親身になって話を聞いてあげる以上のことはできなかったが、狭い職場で一対一で仕事をしているのに片方に協調性がない場合の職場の雰囲気は悲惨のようで、その支店長さんも仕事が手につかないと言っておられた。私はもしそういう事態になると、海外事務所の業務運営は重大な悪影響を受けるので、これから海外事務所を開設する企業のかたには、駐在員の人選に当り、能力と共に協調性のある人物を選ぶようおすすめしたいと思う。

ロンドンで後発、ワシントンは先発

ロンドンでは、戦前も、戦後早くからも多数の日本企業が進出しており、確固たる基盤を築いている。それ故にロンドン在住の日本企業の団体である商工会議所や日本人会の運営は、これら歴史のある企業が担当しており、そのトップは、三井物産、三菱商事、日本郵船、東京銀行などのまわり持ちであった。

東京電力はワシントンに進出したが、これは政府関係の都市で、日本企業の多くはニューヨークに拠点をおいていた。ワシントンでは東京電力がむしろ早い進出者で、日本人商工会議所の会頭のような世話役を務めたのも、適任者であったことに加え、先発企業という故であったろう。ロンドンでは、東京電力は後発のため、そのような立場になかった。

当時、英国で勉学中の皇太子殿下が、駐英日本大使館に立ち寄られると、ロンドンでの歴史のある日本企業の代表が陪席するので、私共は後でその話をうかがうこともあった。三菱商事の諸橋晋六支店長、三井物産の大木荘三支店長などが当時の有力者で、このお二人をはじめ先輩企業の皆様に多大のご指導を頂いた。

ロンドンには各社からエリートが来ておられ、ご交誼を得たのは幸いなことで、三井物産では現在の会長で日本貿易会会長の槍田松瑩氏もちょうどロンドン支店におられ、お世話になったのは有難いことであった。

三井物産槍田会長の「逆さ地図」

槍田会長は、たまたま二〇一〇年五月の日経新聞夕刊第一面の「あすへの話題」の執筆者であられ、五月七日付けで次のように述べられた。

「環日本海諸国図（通称、逆さ地図）を見たことがあるだろうか？　南の方角を上にしたこの逆さ地図を見ると日本海がロシアや朝鮮半島に取り巻かれて湖のように見え、極東ロシアがいかに我が国に近いのかがよく解《わか》る。（後略）」

槍田松瑩氏

ロンドンで、外国とのカルチャー・ギャップに悩まされていた私は、あるとき、英国で売られている地図を見たところ、日本は地図の一番端っこに出ており、日本で売られている地図で日本が地図の真ん中に出ているのと全く違うことを見て、世界の中における日本の位置を思い知らされた。私は色々のかたから、物を見るとき、ひとつの見方にかたよらず、複眼的思考で見るように教えられていたが、日経新聞の槍田会長の所論を拝読し、日本人に複眼的物の見方を呼びかけておられると思った。影響の大きい槍田会長の上記のご指摘は、日本人の国際感覚向上にきわめて有益であると心強く感じた。

世界の人を日本の味方に

西垣昭元海外経済協力基金総裁について前述した。同総裁の著者に、『開発援助の経済学』（有斐閣発行、共著）があるが、その中で日本は海外から援助されたことと海外援助をしたことの両方の経験があり、その貴重な経験を生かした効果的な援助をめざすべきだと指摘されている。これは、日本人が余り気づいていないことと思うが、援助に当たっても、複眼的見方が大切といわれているのであろう。

私自身は、東京電力時代、海外援助の一環として、発展途上国の技術者への電力技術研修の世話役をしたことがある。目一杯勉強してもらう計画を立てたら猛反撥を受け、研修を減らして自由時間を増やし、大喜びされた。彼等は技術習得の価値も認めているが、日本を楽しみたいのだ。私なりに複眼的に考え、方向転換したのだった。今の私だったら、上記槍田会長、西垣総裁のご高説もふまえ、もう一歩進んだ対応をしたかと思う。例えば、帰国して国のリーダー層になるだろうエリート研修生に、日本について一生の好印象を植えつけるため、秘術を尽くしたことであろう。日本中の援助担当者が、広い、ゆったりした視野に立って、先方に一生の好印象を与えれば、世界の人を日本の味方にすることにつながるのではないか。

西垣昭氏

会社の国際経験が深まる

年に一回、東電から英国へ駐在した経験者が集まって懇親会をしている。

外国経験を場所柄もわきまえずに、ひけらかすことは、おすすめできないが、年一回だけの懇親会で充電したり、発散するのは英気を養うのによいかと思う。

忘れ勝ちの外国の記憶を呼びさまし、新しい知的刺戟を受けるのも楽しい。出席者の情報量が増え、情報レベルも高くなっているので勉強になる。

懇親会で大勢の出席者に囲まれていると、赴任した頃、私の周辺に、ほとんど経験者がなく、情報ルート開拓に走り廻った初期の時代を振り返り、こういうことを「今昔の感」というのであろうと思うのである。

今や当社の国際化対応の態勢は大きく前進した。当社の踏み切ったタイミングは適切で、国際化時代に間に合ったのは、経営者の英断のおかげと、つくづく敬意を抱く次第である。

以上述べてきた第一章では、英国の電力会社が冷戦の勝利に寄与したという私の意見および東京電力の国際化に関連した私のロンドンの体験談を述べさせて頂いた。

第二章

電力民営化で日本は一等国の仲間入り——電力の鬼　松永安左エ門翁

即一氏、執筆分担は岩波新書『電力』の著者渡辺一郎氏と本誌五月号で述べたGEとの契約で活躍した松永長男氏であり、綿密であると共に重要事項が記載された有力な文献と思われるが、前篇九一五ページ、後篇八五一ページに及ぶ大冊であり、到底この内容を紹介することは困難である。この中から、ほんの数行で電力の歴史を拾うと、

わが国最初の電燈点火

一八七八年(明治十一年)三月二十五日電信中央局の開業式に際し、アーク灯点灯

わが国最初の電力会社設立

一八八三年(明治十六年)二月十五日有限会社東京電燈会社(現在の東京電力の前身)が、わが国初の電気事業者として設立許可を受ける(これは英米におくれること僅かに二年の出来事)

わが国電力の夜明けをあらわす二大エポックは右記の通りである。明治維新から まだ日が浅い時期に、日本は非常に早く、ということは欧米に余りおくれをとらず、電力をとり入れたのであった。

自由競争時代から国家管理へ

これ以降の経緯については、筆者の記憶にもとづくとともに上記の『電力百年史』の記録により確認しつつ、ここで概説することとする。

電力の夜明け以来、明治、大正、昭和初期まで電力供給は自由企業である電力会社の仕事だった。一部に地方公共団体等による電力供給の例もあったが、第二次世界大戦前は、自由企業による電力供給が中心であった。

その頃の電力会社は、今日では想像もつかないような激しい自由競争をしたので、電力会社の経営状態等を心配した銀行団が昭和のはじめに介入し、以後、当時の五大電力会社の協調による競争(自主協調)体制に移行した。昭和十年代に日本は戦時体制に入り、軍、統制官僚による国営化が進められ、民間電力会社は激しく抵抗したが、強権により国営化が決定された。

発送電事業は全国一社の日本発送電会社(略称日発)に統一され、配電事業は全国を九地域に分割した地域別配電会社に集約され、国家管理となった。以後、戦時中から、終戦後、電力が民営化されるまで、この形態が続いたが、例えば関東地区では関東配電会社が工場や家庭への電力を供給した。当時の関東地方の住人は、電力会社のことを「関配」と呼んだが、今では「関配」といってもわかる人は少ないであろう。

日本の敗戦と電気事業再編成

第二次世界大戦が一九四五年(昭和二十年)八月十五日、日本の敗戦で終了し、米国軍に占領された日本では、労働組合活動が勢力を増大した。電力の分野では電産(電気産業労働組合)が会社側に対し大きな発言力を振るい、電産といえば、日本の中でも著名な存在であった。その電産は、戦後の電気事業の企業形態として全国一社化を提案し労使間で協議されたが、まとまらないうちに一九四八年(昭和二十三年)、電気事業は過度経済力集中排除法の適用を受けた。

当時、日本を実質的に支配していた連合軍総司令部の意向もあり、政府の検討がはじまり、国内での論議が活発となった。細かい経過は省略し、大筋だけを述べると、一九四九年(昭和二十四年)閣議で「電気事業再編成審議会」の設置が決定され、十一月二十一日発足した。

この審議会が重要である理由は、この会が一九五〇年（昭和二十五年）審議を終了し、二つの異なった結論が対立したが、両案が政府に提出され、そのうち一つの九分割案が、結局、国の電気事業再編成案として決定実施され、今日の電力会社の形ができたからである。

世間の松永翁の像を修正

この重要な審議会の会長には松永安左エ門氏が政府により任命された。松永氏が会長に就任したことが、その後に至る同氏の超人的活躍のスタートとなった。世間では松永氏が当時の配電会社側の主張に近い意見の実現に執着していたと党派的見方をする向きもあった。私は松永氏の考えは、そのように小さなものではなく、真に国家の将来を見据えた信念と構想にもとづいたものと思っていて、この原稿の執筆を依頼された機会に真の松永翁の像を皆様にお伝えしたいと思う。私が抱いてきた松永翁の像を非常に適確に述べた記述を前記『電力百年史』後篇に見つけたので、以下に引用させて頂く。

（前略）電力界では主だった人は殆んど追放（筆者注、占領軍の命令により戦時中に要職についていた人物が公職から追放されたこと。パージともいわれた）され、公職に就くことはできなかったので、その会長（再編成審議会会長のこと）になるべき者の人選は難航した。しかし最終的に吉田首相は、池田成彬氏（旧三井財閥の実力者、日銀総裁など歴任）の推せんで、小田原で悠々自適の生活を送っていた松永安左エ門氏を推した。そしてこの瞬間において、再編成の結末から再編成後の運営にいたる路線が敷かれたといって過言ではない。（中略）同氏は当時の誰も有しなかった牢固たる信念と理想像をもっていたからである。既に五大電力対立時代においても松永氏のひきいる東邦電力はすぐれた調査スタッフを動員し、他の会社とは異なった新しい思想を、電気事業の理想像を有し続けたからである。昭和初頭の臨時電気事業調査会から国家管理のための臨時電力調査会にいたる間松永氏自身の口から、或いは東邦電力のスタッフから発表されていた思想は、明白なものである。たとえば、電力行政に公益事業委員会制度導入を称えるがごとき或いは民営の下に供給区域の独占の法定化を称えるがごとき、或いは電力間の超高圧連繋網を称えるがごとき、そこには常に理想的な電気事業の在り方の完全図がえがかれていたのである。再編成は、松永氏にとれば、いわば旧東邦電力時代えがいていた理想像をそのまま完成するという行為にほかならなかったのである。そしてそのような理想像はすべてアメリカの電気事業にその範を求めていたことを思えば、そこに総司令部側に対してもアピールする何ものかがあったことを否定することはできないであろう。（後略）

以上の『電力百年史』の引用部分を読んで私は感動した。読者の皆さまも賛同して下さるのではないだろうか。

特記すべきと思うのは二点である。

一、誰よりも激しい自由競争の闘士でありながら、公益委の制度、民営・区域独占、超高圧連繋網をいち早く提唱、その思想を終始堅持したこと

二、松永氏の主宰した東邦電力は大正時代から調査スタッフの採用を重視し先進国のアメリカ型事業運営を目標としていたこと

筆者注　『電力百年史』後篇は前記の如く松永長男氏の執筆とされているので、この引用部分も松永長男氏の執筆と思われる。

松永案が国会提出へ

再編成審議会の結論として、融通会社案（委員四名の案）と九分割案（松永会長案）が所管の通産大臣に提出された。

当時の通産大臣（池田勇人大蔵大臣が兼任中）は今後の電力のあり方として九分割案を適当と認め、融通会社案は総司令部には受け入れられないと判断、九分割案なら了解を受けられると判断した。それは折衝の結果、了解を受けられた。池田所管大臣は、松永案を閣議決定にもちこみ、政府案とした。

政府案にもとづく法律案は一九五〇（昭二十五年）年四月、国会に提出されたが、同年五月審議未了となった。

ポツダム政令で再編成決定

その年は交渉が続き一九五〇年十一月二十二日、占領軍（連合軍）総司令官マッカーサー元帥より吉田首相あて電気事業再編成促進の書簡が送られ、同二十三日、政府は審議未了となった右記法案をポツダム政令により実施と決定、同二十四日に政令を公布し、電力九社の設立による民営化、公益事業委員会の設置が正式に決定された。

「電力の鬼」の名は全国に広まる

電力民営化が全国を九分割した発送配電一貫の電力会社として発足することになると共に電力行政をアメリカ的方式で実施するため、「公益事業委員会」設置が決定され、スタートした。これは通産省が所管していた電力行政をこの委員会で行なうこととしたもので、大きな変革であった。

池田勇人氏

しかも公益事業委員に大物五名が任命された中で、電力の経験者としては、松永安左エ門翁一名のみで、しかも個性強烈、電気事業に大正時代以来、夢と理想を抱き続けた人であったから、日本国中の瞠目《どうもく》を一身に集めるような大活躍を展開した。公益事業委員会は一九五二年（昭和二十七年）八月一日に廃止されたので、二年に満たない短期間であったが、その余りに強力な活動ぶりに対し、世間は松永翁を「電力の鬼」と呼びならわすようになった。「鬼」という言葉を、ある字引で読むと、「想像上の怪物」という説明の次に、「敵対する者に対して、勇猛に立ち向かったり、

吉田茂氏

容赦ない態度で臨んだりして、恐ろしがられている人」と説明している。

松永翁の言動は普通人の意表をつくような激しい力強いものであったから、「鬼」と呼ばれたのは、ふさわしいことでもあったろうが、そのように呼ばれるのにふさわしい大きな業績を残した。

電力人事で首相側近を起用

公益委としての最初の仕事は、電力会社を設立する事であったが、各会社の首脳人事が問題であった。日発と九配電会社の合併による新会社であるので、各社

から人事案が出されたが、結局、公益委が裁定することとなり、松永翁の意見が中心で進められたが、配電会社優先の進め方であると日発側から異議が出され、とくに東京電力のトップ人事などは大もめにもめた。複雑な経過を経て首脳人事もととのったが、マスコミなどでは松永翁が再編成で松永支持だった配電を優遇した私益人事だとするものもあった。私は松永翁は、そのような小さい考え方でなく、民営電力会社には民営の精神を理解し、今后の民営電力に魂を吹きこむ人材を選ばれたのだと思っている。

ただ電力民営化に政府の支持を得る重要性は承知しているので、東北電力に白洲次郎、九州電力に麻生太賀吉という吉田首相側近の最高実力者を会長で招くなどの奇策を採用した。この人事のかげで誰が動いたかは知らないが、松永翁はこの案に積極的で、その結果、政府の支持が得易くなったことは、たしかであろうと思う。

九電力会社は一九五一年（昭和二十六年）五月一日、設立された。

民営化直後、世間の度肝を抜く

公益委で松永翁が最も全国の注目を集めたのは、電気料金の値上げである。新電力会社に七割近い値上げを申請させたが、その倍率の大きさに世間は驚倒し、国をあげてといってよい程の大反対が起こった。しかし松永翁は日本の経済復興には電力の供給が不可欠で、電力需要の増大は、その頃の世間の見通しより、はるかに大きく、その資金をまかなうには、値上げが不可欠と、ひろく各界に臆することなく主張し、二回に分けたが、計画に近い大幅値上げを実現し、これがその後の電力会社の体質の充実と電源開発の促進に結びついた。

ここでも述べたように、その頃の各界の見通しは、電力需要の増加を低いと見ていたが翁の見通しは全く違った。松永公益事業委員長代理は、昭和二十五年末頃、一万田尚登日銀総裁が渡米すると聞き、外資導入に有利となるよう、同総裁を訪ね、日本の電力供給の年々の増加率を総司令部や経済安定本部が三％を適当とするのに対し、公益委員会は一〇％を主張しているので、米国において電源開発資金交渉の際は一〇％をもって交渉してほしい、と述べた。総裁は翁の一〇％

案をもって交渉に当ることを約した。以上のことは一万田総裁が、このあと二十年も経って松永翁の追悼談で述べているので、事実であると思う。なおここで年率一〇％増というのは、その時の翁の予測で、ふたを開けてみると、実際の伸び率は、翁の伸び率予測をさらに上まわるものであった。

翁は電力予測一〇％をもって日銀総裁に陳情するだけでなく、それによる電源開発計画をたて、各社を叱咤激励したのであって、これがなければ日本の高度成長は達成されなかったろう。

松永翁は民営電力の組織づくりだけでなく、その企業体質の強化と大電源開発をやり遂げた。

電力民営化は日本の国産

電力民営化は、ポツダム政令で決定実施されたと述べたところ、電力の民営化は占領軍の意志で行なわれたのかと、ご質問があった。決してそうではなく、電力の民営化は日本人の意志による国産である。

占領中、占領軍は日本を直接統治する形をとらず日本政府に統治させ、それを間接的に支配する形をとったが、色々とくちばしを入れてきた。電力の企業体制は、戦時中に国営化されたので、日本の戦時体制を改める意図から占領軍は色々と意見を述べてきた。

日本政府は日本として戦後の電力企業のあり方を検討してきたが、ある時点で時期到来と判断し、民間有識者を集め、「電気事業再編成審議会」をつくった。これが決定打となった。この会長の人選がよかった。会長となった松永安左エ門氏は戦前の電力自由競争時代の戦闘的経営者で、戦時の国有化に徹底抗争し、国有化が決定すると一切の公職から自発的に身をひいていたので、戦後の新時代に活躍するのにふさわしい経歴の持ち主であった。しかも経歴がふさわしいだけでなく、自由競争の闘将であった大正時代から四半世紀に亘り一貫して自己の信念で、日本の電力の未来図を描き続けて来た人である。

関東大震災の真只中に長期ビジョン立案のすごさ

ちょうどこの原稿を書いている時に、私の畏友A氏よりご連絡があり、あなたのお父さんのことが、今、発行中のサンデー毎日の二〇一一年五月八日、十五日合併号に出ているという。これを読むと内容は松永安左エ門翁の話である。私の身内の話はなるべく出さないようにしているが、松永安左エ門翁の秘話と題したお話なので下記に一部を紹介させて頂く。筆者は毎日新聞で評論の執筆者として有名な岩見隆夫氏である。

井上五郎さんは一九二三（大正十二）年、大学電気工学科を卒業して東邦電力（のちの中部電力）に入社した。その年九月一日、関東大震災が発生する。井上さんは九州に出張中だったが、一報を聞いて東京の本社に戻ろうとした。しかし列車は大宮駅でストップ、日比谷の本社まで歩いたが、日比谷はがれきの山。そのなかに、

（東邦電力本社は目白の松永邸に移した）と記した立て看板をみつけた。松永安左エ門副社長の邸だ。井上さんは目白に向かう。しかし、目白も壊滅、わずかに松永邸だけが廃虚のなかに残っていた。邸内に入り、息せき切って、

「松永さんは無事か」

と尋ねると、家人が、

「大広間にいますよ」

と言う。井上さんはその後約半世紀、松永さんのことを話す機会がなかった。しかし、死去の前、

「あの大広間のふすまを開けた瞬間のことを私は生涯忘れない。後世に伝えたかったのです。

その時、松永さんは大広間で大きな日本地図を広げ、生き残った若い社員を前に、

『日本の復興は電力だ』

とぶっていた。のちの大電力構想（北海道から本州全域に至る電力綱確立プラン）です。

『ご無事で』

と声をかけるのもはばかられる迫力でした。私の顔を見るなり、

『やあ、井上君、きたか。君も議論に加わりたまえ』

と松永さんは言いました。あの非常事態、邸の周辺は遺体の山です。松永さんの肝の太さに、私は言葉を失いましたね」

と、毎日新聞経済部記者、渡辺良行さん（現帝京平成大学教授）に語ったと

いう。私は先日、渡辺さんから聞くことができた。

〈電力の鬼〉と呼ばれた松永安左エ門さん（中略）は電力国家管理に最後まで抵抗して敗れ（中略）戦後、いまの民間九電力体制の生みの親となった。すでに関東大震災のころ、松永さんは民間地区九社による発送配電一貫経営を（中略）発表していた。

さて、私が言いたいのは、政治にしろ企業にしろ、前に進める指導者たちのスケールの大小である。ことに時代の転換を求められる時こそ、全体を俯瞰《ふかん》して構想する器量がほしい。〈平成の松永〉が現れないものか。

以上は岩見隆夫氏の回顧談であるが松永翁は自由競争の真っ只中、大震災の混乱のただ中で、日本の電力の長期ビジョンの具体策策定に没頭していたのだ。松永翁のこの構想は、日本のその後の情勢の中で実現が困難であったが、二十数年を経た一九五〇年（昭和二十五年）松永会長がまとめた電力民営化の答申は、この時以来の構想を実現したものである。

大震災の中で少しも騒がず、日本の長期を見すえていた松永翁を偲ぶ時、私は明治維新に際し、東京の上野で官軍と幕府の戦う砲声が聞こえる中で、松永翁の恩師福澤諭吉先生が少しも騒がず、教室で講義を続けられたという故事を思わずにいられない。

福澤先生の教えが人間の形をとった

松永翁は慶應義塾に学び、福澤先生の朝の散歩にもしばしばお供して、親しく教えを受けたというが、その後の松永翁の一生を通じた活動は、福澤先生の「独立自尊」の教えが生きた人間の形をとったように私には思える。

初期の自由競争時代に徹底した企業間の優劣を競ったのも福澤先生の教えなら、同時にそういう時も将来を見すえ、科学的思考を持ちつづけたのも福澤先生の教えであり、しかも観念的にならず現場を具体的に観察し、実際的判断にすぐれていたのも、福澤先生の教えによるものであろう。

日本の電力自由化の構想は、このような松永翁の長年の構想が具体化したもので、「日本の、日本人による、日本人のための構想」というべきものであった。断じて占領軍にあたえられたものではない。

しかしながら松永翁は、独自の牢固たる考えを持ちながらも、周辺の情勢判断にぬかりはなく、上記再編成審議会の会長になってから占領軍の説得には大いに意を用いていたと伝えられ、そういう際の説得に当っては占領軍側の度胆をぬくような率直、放胆の発言を行なって、却って占領軍側の好意を得たとか、戦時中に、軍部や政府に妥協しなかったこと、多年の自由主義、合理主義にもとづく米国型経営への関心などが、占領軍に理解され、日本の反対派の意向よりも、松永翁の方がより大きく支持を得たといえると思う。

松永審議会の結論は、会長以外の四委員の意見が一致したので、これが答申となり、会長一人の意見は独自の意見として添付提出された。これを受理した通産大臣は四人の答申を総司令部に提出して拒絶され辞任した。後任の通産大臣には後に総理となる池田勇人当時大蔵大臣が兼任で任命され、池田大臣は松永翁の意見を日本にとってとるべき道と認め、同案を日本政府の意見とした。

池田大臣が松永会長意見に賛同し、これを政府意見としたことは、私は次に述べることから、確かな事実であると思う。後年、松永翁逝去の時、追悼録が発行され、その中で池田勇人氏の未亡人池田満江氏は次の通り寄稿しておられる。私は追悼録を読む機会があり、メモをとった。

池田勇人氏の決断を未亡人が追想

お爺さま（筆者注：松永翁のこと）と池田の初の対面は、池田が大蔵大臣兼通産大臣の時、昭和二十五年のころかと存じますが、お爺さまが、それまでの国家管理の延長線上にあった電気事業の体制を、現在の民有民営の九電力会社に再編成するという案を持って来られ、池田が、いっぺんに賛成したことから、お互いを認め合ったということでしょう。

私の口から申しますのは、おこがましいのですが、池田も統制経済は嫌い、思想的には自由主義だったと思いますが、お爺さまとはそんな面でも共通するところがあったと思います。

以上は私のメモによると、松永翁が逝去時まで理事長であった電力中央研究所が委員会をつくってまとめた追悼録中の一文である。この記述は松永案を、所管の池田通産大臣が同意採用したことを証明するものであると思う。

以上の通り、現在の民営電力会社設立の企画をたて推進したのは松永翁、その企画を政府案として採用、決定に持ちこんだのは池田通産相である。電力民営化は、この二人の大立者の合作である。すなわち電力民営化は国産である。

池田大臣は就任早々松永翁の説明を聞き、この案を日本の将来のため適切と認めた。一方の審議会の多数意見であった融通会社案は戦時体制の日発を相当部分温存する案であって、占領軍の意向にもそわないだろうし、同氏の抱く自由主義的見解から松永案を適当と認めた。

池田大臣が推す九分割案は、松永翁の占領軍説得と相まって占領軍の了解を得られ、いったん国会に提出されたが、会期が短かく、通過しなかった。

ポツダム政令は占領時代の手続上の問題

占領軍も電気事業の早期再編成を希望し、マッカーサー書簡が出されたので、方法としてはポツダム政令で決定実施になったが、これは占領下の方法論として、そうなっただけで、電力民営化の内容は、再三述べてきた通り、松永翁が大正時代以来温めてきた同翁の作品であり、国産と言って胸を張れるものである。

占領軍としては、松永、池田連繋による自由主義的考えが好きであったと思われるが、松永、池田両氏は占領軍におもねったのでなく、もともとの両氏の信念である。両氏の信念にもとづく言動が占領軍を動かしたということはあろうが、電力民営化は占領軍の作品であるということは全く言えない。

日本国憲法の成立過程のことが国民の頭の中にあって、電力民営化がポツダム政令によったことと混同する人があるのかもしれないが、この二つは全く異なったことである。

日本国憲法の原作者が占領軍ではないかということが報道され、その話とつながって、あたえられたものは改正すべきだとか、あたえられたものでも、よいものは改正すべきでないとか色々の議論があるようだが、何れにせよ憲法の話は別の話である。

憲法の話はオリジナルのアイデアがどこからきたかが議論されているが、電力民営化は日本人松永翁の大正時代以来の長年のアイデアである。

憲法は手続き的には国会を通過しているが、これは占領下の情勢の中のことである。

電力民営化は、ポツダム政令によったが、日本人の創意が産んだ民営化は、大きな実績を上げ、その後の日本の高度成長達成の原動力となった。

電力が民営化されてよかったということは、多くの国民のご同意、ご承認を頂いてきたと思っていたが、今回の福島原発の事故で、電力の企業形態が一部で論議されているようだ。これについては国民の皆様のご意見を、充分うかがうべきであると思うが、私は物事の生産、輸送、販売等のいわゆる「事業」の経営、執行という分野は、民間が行なうのが適していると思っている。私はわが国の行政機構は日本人のレベルの高さをあらわしており非常に優秀であると思っているが、官庁が適しているのは行政であり、事業の経営はこれは民間がよいと思う。松永安左エ門翁という民間人がたまたま公益事業委員という役人となって大きな業績を上げたことを以下に述べるが、これは民営の精神の権化というべき松永翁が、役所において民間の経営者のような機能を果たしたからできたことで、やはり事業は民間、行政は役所というのが、姿がよいのだと思う。

高度成長の成功への布石

電力民営化は、他企業の民営化と大きく違う歩み方をしている。

一つの企業体を民営化するためには、組織の変更のために絶大な摩擦や利害、調整などを必要とするため、多くの場合、組織変更のため全精力を傾けるようなケースが一般的で、新たに組織された企業体をどのように運営していくかについては、次の段階で色々試行錯誤されるケースが多いのではないか。

ところが電力の場合は特異な系路を辿った。松永安左エ門翁は、民営化への組織変更に全力を捧げたので、ふつうならそこで役割を終える所である、疲れ切ってしまうのが普通だろう。ところが松永翁は休みもせず、新電力会社に絶大な指導力を発揮し、新しい企業の方向づけをするという信じられないような大きな役割を果たした。

松永翁の初期指導が道をつける

電力会社の発足とあわせて、電力についての行政機関が通産省から、新設の「公益事業委員会」に移されたことは、すでに述べた。

この委員会の委員長は、法学者で大臣経験者の松本烝治博士が就任され、松永翁は委員長代理となり、残り三名の委員は、宮原清、河上弘一、伊藤忠兵衛という財界の大物が就任した。

松永委員長代理は、公益事業委員会存続期間を通じ、松本委員長に終始敬意を払い、補佐に努めたと言われるが、委員会の中では唯一の電気事業出身者であるため、電気事業を指導する面で圧倒的な力を発揮し、日本のエネルギー問題に根本的影響を与えるような改革をもたらした。

料金値上げと需要予測的中が柱

電気料金の大幅値上げによる企業体質の確立、電力需要想定を占領軍、政府内他機関の見通しよりはるかに大幅な見通しとし、この見通しにもとづく外資をはじめ資金調達、電源開発計画の拡大を強行した。以上により松永翁の需要見通し的中と大規模電源開発の成果により、その後の日本の高度成長に見合う電力供給が確保された。日本経済大国へのまっすぐの道であった。これが公益事業委員会の功績である。

火主水従へ、石炭から石油へ

明治時代に電気の利用がはじまって以来、日本は山岳地帯が多く、水量が豊富で、火力発電は燃料費が高いので、電力は水主火従といって、水力発電が主で、火力発電が従という考え方が長年続いてきた。

今日では火力、原子力の割合が増え、水力発電の割合は減って、地域別に多少の違いはあるものの、水主火従という考えは全く逆転しているが、敗戦後、水主火従から火主水従という考えが示された時、人々はショックを受けた。いわゆるコペルニクス的転換ということだろう。

松永安左エ門氏は、国内水力の供給量に限界が生じること、世界的な火力燃料の低価格化の趨勢をいち早く察知し、電力会社に火力建設を強くすすめた。

それに続いて、火力用燃料としては日本は国内で唯一生産量の多い石炭が全盛であって電力会社も石炭火力が主であったのに対し、松永翁は海外の油田開発が進み、石油火力を採用すべきであると、いち早く提唱した。

電力会社に輸入石油を使う火力発電所の建設を強くすすめたが、それにとどまらず、国内の有識者にも石炭から石油への転換を提唱した。

日本のエネルギー革命の推進者で実現者

当時のわが国の代表的経済評論家である土屋清氏は、日本国内の誰もが石炭依存の考えである時に一人松永翁が石油転換を唱え、土屋氏にも協力を要請したことを驚き、松永翁は最初にどこからこのような日本初の情報を得たのか、と著書で松永翁の先見性をたたえておられる。

これらの松永翁の提唱は時代にさきがけているが、的を射たものであったので、この松永翁の考えにもとづく電力会社に対する強烈な電源開発の促進圧力により、成長する日本経済に対応する電力供給が充足できただけでなく、世界的な石油価格の低廉化のメリットを日本は享受することができ、電力コストも次第に低下するに至った。

松永翁は公益事業委員会廃止にともない二年足らずで、その地位を去ったが、その間に達成した電力会社への指導はすばらしく、退任後も電力中央研究所理事長や産業計画会議委員長としての電力界および産業界さらに広く国内各層に対する指導や提言は輝やかしいものがあり、九十七歳（満九十五歳）で一九七一年（昭和四十六年）六月に死去するまで活動した偉大な存在であった。

松永翁に任せた吉田首相、池田成彬氏

松永安左エ門翁という偉大な存在が、電力民営化をなし遂げ、その後の日本の高度成長と一等国の仲間入りに大きく貢献したことを述べた。

電力民営化の成功は、松永翁個人の力による所が非常に大きかったので、松永翁が選ばれなければ、このような大成功は得られなかった。ということは、松永翁を選び出した人の功績は大きいということだ。

それは誰か。吉田首相と池田成彬氏であると思う。吉田首相は電気事業の体制変更を進めるべく、それを任せる人材を選ぶため、旧三井財閥のまとめ役で金融界の重鎮の池田成彬氏に意見を聞いたところ、同氏が松永安左エ門氏を推薦した結果、松永氏が選ばれたと、先述『電力百年史』など多くの文献にその旨の記述が見られるので、これを定説と見なしてよいと思う。

私は吉田首相、池田氏の功績は誠に大きく、これがなかりせば、その後の電力

はどうなったことかと、両氏の決断を世の中に知って頂きたいとここにとり上げた。私は両氏の決断を大きく評価しながら、世間にいわれていることに若干つけ加えたいことがある。

絹のハンカチと野武士

世間でいわれていることというのは、池田成彬氏が吉田首相に対し「電力の再編成を任せるのに松永氏が適任であるが、松永氏に権力を持たせると勝手な動きをするので、用が済んだら早くやめさせたらよかろう」という趣旨を述べたという説である。これも私は複数の文献で目にしたが、一次資料をもたないので真偽は知らない。したがって事実かどうかわからないが、気になる説なので、想像を述べさせて頂く。

池田成彬氏

池田成彬氏は戦前（大正、昭和初期）の自由競争時代に、松永氏主宰の東邦電力が、他の電力会社と激しく争って、電力各社が資金不足となり、貸し手の銀行側として大苦労し調停収拾した経験がある。その時に松永氏の辣腕は高く評価したが、所属するのが一方は金融界で、一方は産業資本であり、よって立つ社会・文化の違いが激しかったのではないか。極端に例えれば、片や絹のハンカチ、もう一方は野武士のように見えたのかもしれぬ。

そのような所属する社会・文化の微妙な相違の故の一種の異和感があったにもかかわらず、松永氏の圧倒的な力量を正しく認めて、この重要な役割に推薦したのは、池田成彬氏の人を見る目の確かさと、感情を抜きにした公平さを評価すべきだろう。しかしミスター絹のハンカチとしては、ちょっと一言だけ条件をつけたかったのではないか。

吉田首相も池田成彬氏の推奨を受け入れたことで評価されるべきだが、体質的には外交官出身で池田成彬氏に近い絹のハンカチ的経歴の人であるので、産業資本家というと自らの典雅な社会にくらべ野武士のように思うのではないか。

松永翁は仕事の鬼であり、仕事への情熱がとどまる所がないため、権力をもたせると私情ではないが使命感が、ひたすら驀《ばく》進し、誤解される一面があったやもしれない。だが、仕事への理想、意欲は限りなく、それを権力欲と誤解するのは違っていると思う。松永翁の特色として遠い将来を見通す先見性に非常にすぐれていたので、目先の自由競争について論議するのにも常に長期的視点が入っており、多くの人は、それを理解できず、あたかも横車を押しているように見たこともあると思う。

吉田首相、池田成彬氏とも松永翁を選んだえらい人だが、お二人の所属社会が余りに上品で、松永翁が再編成の仕事を引き受けた後、吉田、松永両氏の関係が円滑を欠き、同翁の属する公益事業委員会が早目に廃止されたように思われる。同翁が同委員会で日本のエネルギーの長期戦略に画期的な業績を残したことを考えると、公益委の早期廃止は日本のために惜しかった面もあるが、松永翁という存在を、日本のため、ここまで活躍させたことは、やはり両氏の大功績に間違いないと申し上げたい。

松永総理待望論

松永翁逝去時の追悼録を筆者がメモにとった中に、田中清玄氏執筆の松永総理大臣待望論があるので、以下に転記する。

実業界より出て、実業人でも経済人でもなく、国際的視野を持った哲人政治家——それが松永さんであった。日本を担う政治的指導層として、総理大臣になって貰えば、これ程の適格者はないだろうと感じたのは、私一人ではあるまい。（後略）

ここに松永翁を哲人政治家と呼んでいるのは、松永翁は一度、衆議院議員になったことがあるからで、その後、政界に出なかったが、今日のきわめて困難な時代に松永翁出でよ!!と叫びたい気がする。

政界の巨頭に私は布袋《ほてい》と述べる

松永翁の説得力には並み外れたものがあったが、翁が大人物と対決した時の人間的気魄、放胆、智力を偲ばせる逸話を一つ紹介する。

松永翁追悼録中に永山時雄氏（元通産省官房長、元昭和石油社長）が執筆した要旨を、私のメモから引用する。

K氏は池田勇人氏と総理の座をめぐるライバルと目された人で、松永翁はK

氏と面会を希望し、永山氏に段取りさせた。

松永さんは料亭で待って、壁に大きな額を掲げておいた。宮本武蔵真筆の布《ほ》袋《てい》様が闘鶏を見る図です（重美）。Kさんが到着すると、松永さんは、これは何だと思うかと聞いた。黙っていたところ、これは布袋が猛禽を闘わせて見ている。真ん中にいる布袋は誰か、これは松永である。その左右の鶏はKさんと池田さんだと言った。続いて、両君ともこの真ん中の布袋になって猛禽を操るものにならねば天下はとれない、と松永翁は述べた。それにKさんは答えず話は終わった。

以上は私のメモで原文ではないが、天下をうかがう権力者に対し、このような大胆な言葉を吐ける人は滅多にあるものではない。舞台装置、道具立ても独創的である。松永翁に外国人との交渉をお願いしたら、日本人は物言わぬ民族と思っている外国人も、日本人に対する見方を改めたろうと思わせるような人であった。

日本文明を世界の中で考えるトインビー翻訳

松永翁について書きたいことは、いくらでもあるが、すべては書けないので、文化など幅広い分野での大きな業績について少し触れたい。

二十世紀の英国の歴史学者アーノルド・トインビーの大著『歴史の研究』は余りに膨大で翻訳不可能と思われていたものを、松永翁はロンドンで同博士と会い翻訳権を得て、その後、生涯を終えるまで翻訳事業を支援し、ついにこれを完成した。これは財界人の片手間仕事ではなく、翁の力の入れかたが並大抵でなかったばかりか、この翻訳完成の文化史的意義が非常に大きいことだ。

何度も引用する松永翁逝去時の追悼録で、令名の高い中山伊知郎博士（元一橋大学長、元中労委会長）が最大級の激賞をされている。私のメモ書きからの引用で、ご覧頂きたい。

『歴史の研究』は、かって小泉信三博士がいわれたように、二十世紀を代表する大著述の一つである。翁は翻訳権をもちかえって、日本訳についての相談を、鈴木大拙、小泉信三、谷川徹三の三氏とされておられる。完成するまでには十数年を要したが、その間、陰に陽に力となって常にこれを守りつづけた翁の業績は、それだけでも高く評価されるべきだと思う。

しかし、それだけではない。あえていえば、この仕事の中には杉田玄白の

『蘭学事始』を想起させるような意味がある。トインビーの『歴史の研究』を移植することによって、日本文明を、世界の中で考えることを教えたということである。

以上の中山伊知郎博士の指摘は、翁のトインビー翻訳の根本的意味を明らかにしている。私は松永翁のトインビー翻訳の事蹟を知っているが、ここで中山博士の指摘する「日本文明を世界文明の中で考えること」を日本人に教えたという、大変に大きな意味を知っている人は必ずしも多くないのではないか、と思う。

私はこの小文を通し、松永翁のトインビー翻訳事業の大きな意味を是非お伝えしたいと思う。

「釈迦金棺出現図」

もう一つ、文化面で特記すべきは、翁が所蔵し、現在は京都国立美術館の所有となっている国宝「釈迦金棺出現図」である。これは国宝中の国宝といわれる程の逸品であるが、これについては松永翁追悼録中に、作家の中河与一氏が述べておられる文章を例によって私のメモ書きから引用させて頂く。

松永耳庵翁は、近代の巨人というにふさわしい人であった。その超人的叡知、その言行の警抜、自己の肉体への適切な処理、その決断と実行力――まさに当代唯一の人であったという気がする。

中山伊知郎氏

以上の書き出しのあと、中河与一氏は、翁の邸内にある松永記念館の美術品の展観に行ったことを述べる。

「釈迦金棺出現図」は三メートルに及ぶ切金模様の入った絢爛たるもので、部屋の南西の隅に陳べられていた。

それは釈迦入滅の後、仏母摩耶夫人が悲嘆にくれて居られる時、釈迦が金棺を開いて起き上がり、仏母のために偈を説いたという劇的な光景で、それは多くの涅槃図にもまして、驚きと歓喜の溢れている菩薩や動物が描かれていた。

その時釈迦は「諸仏は滅度するも、法僧の宝は定住なり。願わくば慈母、憂愁することなく無上の行を諦観せられよ」と力ある偈を説いたという刹那の光景である。

以上が中河与一氏の追悼文の抜き書きであるが、抜き書きであっても、さすが作家の文で、香り高い文章であると思われる。

ありし日の松永翁

松永翁の話をしめ括るに当り、人間松永翁の風格がよく表われていると思う一挿話をご紹介したい。私の学友である久水宏之氏（元日本興業銀行常務、現在経済評論家）が雑誌「財界」誌上で発表した松永氏の思い出である。

河上弘一・元興銀総裁（元公益事業委員会委員）を慶應義塾病院に見舞った松永翁を久水氏が玄関先まで送っていると、向こうから来た患者がぱたりと倒れた。すると耳も割れんばかりに「看護婦さーん！」と松永さんの声、慌てて看護婦さんが駆け寄ると「担架、担架！」との大声、しかしその目途がつくや、何事もなかったように悠然と歩かれるお姿を見て、「凄い！」と思ったという。

以上の久水氏の思い出話は、ありし日の松永翁の姿をまざまざと如実にあらわしていると思われ、松永翁の思い出のしめ括りに引用させて頂いた。
松永安左エ門翁の話を述べてきたが、もう少し補足したいことがあるのでおつきあい頂きたい。

電力再編成についての動き

水木楊氏の著書（説明後述）によると、戦後いち早く電力再編成について意見を示したのは労働組合であった。終戦の年の十二月、日発の関東の組合は発送電のみならず配電もすべて統合し、国有会社にする「全国一社化」を政府に要求した。これを受けて、翌年、日本電気産業労働組合の協議会（電産協）は同趣旨の案を作成した。国鉄のように一社にする考えだった。日発自身も対策を明らかにした。国営ではなく、発送配電すべてを民営化するが、その代わりに日発一社に統合するという考え方である。

水木楊氏の表現によると「電産案、日発案双方とも国営か民営かの違いはあったが、いまの日発の組織を温存するだけではなく、配電会社も吸収して拡大しようとしている」ということだ。

ＧＨＱは「過度経済力集中排除法」（略称集中排除法）を成立させ、財閥解体を進めたが、電力は手つかずの状態にあった。

日発は集中排除の適用を除外してほしいと、各方面に働きかけた。

ＧＨＱ（総司令部）は翌年の昭和二十二年、原則を示す。

一、電力行政を政府から離し、独立した行政機関を設置すること
二、地域ブロックに分けて電力会社に発送配電の一貫経営をさせる

一社にこだわる日発や電産とは対立する考え方だった。

片山社会党内閣の後を受けた芦田内閣は、昭和二十三年、「電気事業民主化委員会」（委員長：大山松次郎東大教授）を設けて審議させたが、その結論にはＧＨＱの同意が得られなかった。昭和二十三年十月、芦田内閣は総辞職し、第二次吉田内閣が成立、「電気事業再編成審議会」（松永安左エ門委員長）が発足した。

大山委員会は委員の人数が多過ぎたので、今度は五人とした。松永委員長はじめ、慶應大学法学部長の小池隆一、国策パルプ副社長の水野成夫、興銀出身で経済安定本部顧問の工藤昭四郎、日本製鉄社長の三鬼隆の各氏であった。

東電時代、著者が色々教示を受けた下田和夫氏（元エネルギー総合推進委員会専務理事）に、たまたまお会いしたところ、水木楊著『爽やかなる熱情』（日本経済新聞社発行）という松永翁の生涯を書いた書物は面白いですよ、とお話があったので、読ませて頂いた。

戦争の終りを予言

この書によると昭和十八年暮れ、兵員不足の軍は学徒動員で学生を戦地に送った、とある。後述の愛知一中生の予科練志願事件と同じ年だ。昭和二十年二月、米英ソの三国はヤルタで首脳会談を開いた。埼玉県柳瀬に完全隠棲《いんせい》していた松永翁は、訪問客に「戦争はもう終わりですな」と述べた。戦況を発表する大本営は依然「日本軍の戦勝」を報道していたので、客はびっくりして聞くと、翁は新聞の外電面の小さな記事を自ら切り抜いたものを見せ、「これです。この首脳会談は作戦を練るためじゃない。戦争が終わってからのことを話し合ったに違いありません」と答えたという。

世間から離れていた松永翁が小さな記事を通して見抜いた通り、ヤルタ会談というのは、戦争終了後の世界秩序についての相談だった。

日本人は国際感覚が乏しいといわれるが、松永翁は隠れ住んでいながら、小さな記事を読んで、遠い世界の情勢を見抜く眼力をそなえていた。

敗戦の日、松永翁を訪れたある記者によると、松永翁がすっくと立ち上がり、「さあ、これからは、僕がアメリカと戦争をする番だ」と述べたので驚いたという。

サラリーマンに自家用車と予言

敗戦の翌年の正月には、「これから十年か二十年先には東海道から瀬戸内海筋は、全部工場地帯にするんだ。そして、サラリーマンもみんな自家用車を持てるようにする」と語ったという。

当時は主食は配給でだけ入手できる時代で、その配給は成人所要量の半分前後しかないという日々の食料が心配される世の中だった。そのような時代に、サラリーマンが自家用車を持つという言葉は記者の想像を超えるもので、とても実現するとは思えない話だったが、その後松永翁の予言した通りとなった。松永翁が日本の海岸線にコンビナートと予言したことは、経済評論家・久水宏之氏の著述でも読んだ記憶がある。

松永翁は、このように先を見通す力と構想力（ビジョン）に富んだ人だった。

只見川の発電能力を見抜く

松永翁が戦後の電力改革に乗り出す経緯を水木楊氏の著書により簡略に述べると、ある日、翁は経済安定本部顧問の長崎英造氏（大蔵省出身、元昭和石油社長）と会食したが、同氏から日本経済が戦前水準に戻るのは長い間、困難ではといわれた。その帰途、同行した宇垣一成氏（陸軍軍人、元外相）は戦前、朝鮮半島で水力発電を開発、日窒《ニッチツ》コンツェルンをつくった野口遵氏が只見川に注目していた事実を述べ、松永翁に只見川開発をすすめた。

当時、松永翁は柳瀬から小田原に引越しており、三淵忠彦（最高裁初代長官）、結城豊太郎（元日銀、興銀総裁）、門野重九郎（大倉組大番頭）が茶飲み友だちで議論していたが、松永翁は仲間の慎重論に対し、「最初から尻込みしていたら、何もできない。狭いところで、うじうじしているから、若い者もああして革命運動に走る。只見川はアメリカから金を借りて開発すればいい」といきり立ったという。

松永翁は自ら尾瀬から只見川と山を歩いた結果、発電能力九十万キロワットと予測していたが二百万キロワットを超えると確信した。専門家を連れて行ったと思うが、自分でも現場を見て、適地かどうか見極めるカンがあった。書物、マスコミによる外国情報を読みとる力も大きかったが、現場にも強い万能の人だった。

松永委員会発足のいきさつ

再編成審議会委員には流石に日発解体に反対する日発と電産と労組、政党の代表は排除されたが、委員中には再編成への消極派が多く、三鬼隆氏は、電力会社が私企業になると電力料が上がり、化学、鉄鋼など電力多消費産業に打撃を与えるのを恐れる立場で再編成を阻止するか、骨抜きにしようとした。

最終段階で松永案と三鬼委員ほか四名による三鬼案が、一対四で対立する形となった。松永案は、民営・発送配電一貫・九分割案であり、三鬼案は民営九分割会社とともに、日発の発電能力の四二パーセント（全国の三六・四パーセント）を持つ電力融通会社を新設するというものである。

三鬼隆氏

三鬼案は戦時体制の日発を四二パーセントの姿で温存するというものである。日発側には日発側の言い分があるだろうが、戦時国策のもとにつくられた官僚的な会社を相当程度残すという考えだ。これでは、理想的な民営会社をつくって日本の将来を築き上げようという松永翁の信念とは全く相反するものである。議事規程だと四対一で三鬼案に決定しなければならぬ。しかし他の委員の中から松永委員長の執念に配意して松永案を参考意見として添付する提案があって、その形で落着したと言われる。

松永審議会の答申が二本立て

ここで朝日新聞編集委員の大谷健氏著『興亡』に触れたい。本書は昭和五十三年、産業能率大学出版社から出版され、昭和五十九年に白桃書房から新装版が出されている。著者は同書の中で、電力史研究が一層さかんになるようにと述べているだけあって、この時点までに出版された電力の歴史書の中で、視点の新しい所が多くみられ、電力会社社員時代の私が夢中で読んだ覚えがある。

松永審議会の答申が二本立てになった理由について同書では、「しかし他の委員も通産省も、松永案を葬ってしまうだけの自信がなかった。なぜなら、三鬼案ではGHQの意に添わぬことは明らかであり、GHQの意に添うとみられる松永案を無視しかねた」としている。

答申が二本立てになった理由について、このように書いているのは、私の知る限りでは大谷氏のこの書だけである。

この点についての私の意見を次に示す。

松永翁は、自己のつくった答申案に絶対の信念を持っていたのであり、これによって日本がよくなると信じていたので、通産省にも三鬼氏ら他の委員にも屈しなかった。

それではGHQに対してはどうだったか。松永翁は自己の民営化案を実現したいので、当時の占領下の実力者GHQの意向には多大の注意を払い、頻繁に熱誠をこめて説いたという。当時の実力者GHQ内の電力担当者にも臆せず放胆の発言をして却って信頼されたという。松永氏の提案には底流にアメリカ産業の合理主義が流れ、GHQの理解し易い面があったが、松永案の中に、電力会社は供給エリアの外に電源を持つことができるとの項目があった。その点にGHQは強く反対していたのを、松永翁の熱意をこめた説得により、松永翁の意見通り納得させた。この項目は、日本国内に電源が多いが需要は少ない地域と、その反対に電源は少ないが需要が多い地域があったので、設けられたものであった。

このように松永翁はどのような相手に対しても、徹底して信念を説くことにより、自己の考えを貫徹していった。占領軍が実権を持っているので、再編成実現のため、説得のための渾身の努力をするが、膝を屈して方向を見失うことはなかった。翁の経営思想がアメリカ流合理主義であったのは幸運であったが、この結果、日本側とGHQ側の基本理念が相通ずるものであることがアメリカ側に理解されたのであり、日本の電力民営化はアメリカのお仕着せではない。松永翁による国産の電力民営化である。この国産の民営化が、日本に電力の発展→日本の経済成長→高度経済成長→世界の中の大国化をもたらしたことは誠にめでたい。

池田勇人氏が松永案に軍配

しかし松永案が二本立てで答申された頃は、情勢は全く異なっていた。多数の有力紙は三鬼案を支持し、松永案支持は日本経済新聞だけだった。GHQは三鬼案に反対、松永案にも前述した通り、電力会社が供給区域外に電源を持つことに反対した。松永翁はGHQと池田勇人氏の説得に全力をあげ、池田氏は通産相を兼任した当日、松永翁の説明を聞き、私企業主義の同氏は、就任当日、松永案を主体とする実施を決断、GHQとの折衝に入った。GHQは、結局、供給区域と電源区域を一体とせよという意見をひっこめ、松永流の九分割に賛成した。公益事業委員会の性格についてはGHQの意見をとり入れ、政府案が決定した。

以上の政府案にもとづく法案が国会に提出されたが、反対が多く成立しなかった。

大谷氏著『興亡』はここでも独自の視点で述べている。政府が国会会期中に再編成案はGHQの強い意志から出ていることを議員に知らせたのに、法案が通らなかった。「もう一年、消極的抵抗が続いていれば、電気事業再編成は流れ、日発は生き残ることができたのである」と書いてある。この意味は、占領末期となり、日本国会に対しＧＨＱという脅しがきかなくなったこと、さらに一年たてば講和条約で占領が終わり、ＧＨＱはなくなってしまうので、日発は生き残れるだろう、ということである。

そういうＩｆ（もし）が成り立つのかはわからないが、私は人間社会の出来事が如何に偶然の上に成り立っているのか、ということに大きな驚きを感じた。私は電力の民営化ができて国家国民のためによかったと感じているが、このような大きな出来事も、社会の力関係の移り替わりによっては簡単に変わってしまう、という大谷氏の見方には考えさせられた。

大谷氏はさらに、財界の戦前の電力国営化に対する態度と、戦後の国営解体に対する態度を比較する。「ともかく、軍部の圧力にもかかわらず、電力国営化に一応反対の態度を示した財界が、戦後の国営解体に何らはっきりした見解を示さず、その関心がもっぱら自分の会社のある地域への電源配分問題と、電気料金は値上げしてほしくないという利害関係だけに注がれたことは記憶に止めておく必要がある」と述べている。

青木均一、太田垣士郎氏が賛成

しかし硬骨の財界人が存在した。昭和二十五年（一九五〇年）四月の公聴会で電力私営化への反対が圧倒的な中、品川白煉瓦社長の青木均一氏は、

「今は、形は株式会社でありますが、実体は電力配給公団であり、価格調整公団であり、責任を持った企業とは言い難い」と述べた。

京阪神急行社長の太田垣士郎氏は、

「電気事業再編成は、今にしてこれを断行せざれば悔いを百年の後に残すと私は信ずるものでありますから、私は本法案に賛成いたします」。

この二人の発言は多勢に無勢の中で勇気あるものであったが心ある人の気持をうった。

五月の臨時国会で法案が審議未了となった後、七月の臨時国会には再編成二法案は提出しないと政府決定。ＧＨＱはこれを遺憾とし、見返り資金の融資停止、設備の新設、拡張等の禁止を通知してきた。政府は日発の正副総裁を辞任させ、これらの措置を解除してもらおうとしたが不成功、マッカーサー元帥の書簡が吉

田首相に届いた。

太田垣士郎氏

ポツダム政令で実施

国会も新聞も、国会開会中のポツダム政令を国会無視と内閣を攻撃したが、占領軍の持つ権限をくつがえすことはできなかった。大谷健氏は言う。

「しかし昔の議会人は覚えていたであろう。日発が出力五千キロワット以上の水力発電所を強制買収し配電会社を国家管理した第二次国管は議会の審議を避け、ポツダム政令ならぬ国家総動員法にもとづく勅令で実施されたことを。日発は国家総動員法で確立され、ポツダム政令で亡んだのである」。この大谷氏の発言は、日発は設立時に政令でつくられ、多くの民間電力の財産を召し上げ、民間会社を廃業に追いこんだが、戦後は、ちょうどその裏返しのように、政令で廃業することになったと指摘しているのである。

日発出身のかたがた

このような数奇な運命をたどった日発とは、実際にはどんな会社であったのだろうか。私は日発と関東配電会社が合併した二年目に創立早々の東京電力に入社した。東京電力には多くの日発出身者がおられたが、新しい会社としてスタートした時期であり、日発のOBのかたがたから日発とは、こういう会社であったという過去形の話を余りおうかがいする機会がなかった。

ただ大変優秀なかたがたがおられたことと配電出身とは経歴、気質、文化などが、かなり違うかたが多かったような気がする。

ご尊名をあげてお話しすることをお許し頂きたいが、松永長男氏は政経社発行の大著『電力百年史』の後半の執筆者としても大きな業績のあるかただが、何と言っても東京電力発足以来、法規関係の業務で大貢献をされ、社内外で「東電に松永あり」という大活躍をされた。

例をあげると、社内では、米国GE社から原子力発電所一式を輸入することになった時、前述の通り契約交渉のチーフとなり、ターンキイという新しい契約方式への対応に努め、それまで日本では外国大メーカーとの契約では用語は英語、裁判籍は相手国がふつうであったのを、対等の契約にするよう強く交渉し、相当程度、先方の原案を変更させると共に、予想もしない抵抗に出会ったとしてGE社の心胆を寒からしめた。

松永長男氏

新電力会社の体制となってから、電力や原子力関係の新しい法律や新しい法人の設立が続き、松永長男氏は電力会社側のエキスパートとして、そのほとんどの場合に活躍されたと聞いている。珍しい例としては、海外再処理契約委員会というのがある。日本の九電力会社は原子力発電を運転したあとに出てくる使用済み燃料を再処理して、再利用可能部分と廃棄する部分に分ける仕事がある。この再処理という過程は日本人が自分でやれるように準備中であるが、当初は英国、フランスが先進技術を持っており、日本の使用済み燃料の再処理を引き受けてもよいということで契約が成立した。契約が成立したあと、日本と英国、フランスとの間で契約実施をお守りする必要がある。

そのためには九電力全体から担当の専門家を出して上記の名前の委員会を組織して、折々相手国にも出かけてお守りをしているのだ。その委員会の牽引役として松永長男氏は長年にわたり、九電力各社の技術、法律の担当者と仕事を共にしてきた。それら各社からの委員は若手が多かったので、経歴が長く、年長者でもある松永氏は、各社のかたがたにノウハウを伝えてきた。

松永長男氏は現在九十歳になられ、お元気で、頭脳の鋭さは相変わらずだが、現役は引退されている。長い間に東京電力や電力界への貢献は大きいと思う。フランス政府や英国政府から勲章をもらわれているのも、松永氏の法律、実務についての学識と、実際的な問題解決の手腕が東西文化を超えて評価されているからだと思う。

米国GE社との契約交渉に際しリーダーだった松永長男氏の補佐役として陪席したのが私と同氏とのご縁のはじまりである。私は絶大なご指導を頂いた。

前述の通り、私は雑誌「政経人」に拙文を連載したが、それがお目にとまったようで、話したいことがあるとのことで、おうかがいし、ご高説を拝聴した。

松永長男氏は新電力会社に入って、大きな貢献をされたが、その前は旧日発の社員であり、日発廃止反対のために活躍しておられたようだ。日発に入社されたのだから当然のことだろう。しかし新会社に入ってからは新会社のために全力を尽くされた。立派な会社生活を送られたと思う。

日発の閉幕時に総裁だった小坂順造氏のふところ刀だった旧日発の総務部長の、近藤良貞氏を大変尊敬していたことを松永長男氏は私に語られた。近藤氏は、日発のあと新東京電力に入社、常務にまでなられ、木川田一隆氏と並び称され、旧日発系から東電社長が誕生する場合は近藤氏だと言われた人である。途中、汚職にかかわったとの容疑がかけられ、容疑は晴れたが、子会社に転出された。日発を守る闘士として最も活躍された一人であろう。大変なかつ腕家でありながら、再編成に反対の運動をされた頃、日記をつけ、それが後日、著書となった。『電力再編成日記抄』といい、大ビジネスマンが大事件の内情を詳細に明かしたものとして、大谷健氏は、この書を「奇書」と呼んでいるが、まことに珍しく貴重な文献であると思う。

松永長男氏が私を呼んで言われたのは、近藤氏を尊敬していたこと、近藤氏から『電力再編成日記抄』について更に詳しい話を聞いているし、メモも預かっているので、君（井上のこと）に読ませてもよい、ということであった。それにつけ加えて本稿で前述した「電力融通会社」構想について世間に誤解がある。技術面からみて日発の構想は長所がある、と述べられた。また九配電会社は日発と同調し、日発案に同調していたのに、最後の段階で集排法がらみで、日発と別れ、独自意見を述べ出したことは、首肯し難いと述べられた。私はお話をうかがったことなので、拝聴した旨を書かせて頂いたが、私の聴力が弱りメモをとっておらず内容の記載はお許し頂きたい。

小坂順造氏

近藤常務や松永長男氏は並外れて俊敏なかたと思われるし、卓抜な理論武装と巧妙な要路への根まわしにより、日発側に立って強力な攻撃を加えたことであろう。しかし私の受ける印象は、日発の力は法律、政治、官僚の世界においてとくに顕著ではないかと思う。現場経済の実態や技術については、配電側が得手であったと思う。ここで私が、日発、配電の双方の主張をくり返しても、昔の戦争の再説となり、私にこれを正確かつ巧妙にお伝えする力はないと思うので、このお話はこれで閉じさせて頂く。

私は、日発は日本一規模の大企業で、半官半民の会社であったので、有名大学の法学部出身者が多く、地域密着型の現場技術にすぐれ、お客さまの実態に身近な配電会社とは色合いが大分違ったと思う。日発が存続すれば、官僚的色彩の強い、スマートで緻密な会社になったのではないかと思う。しかし電力のような日本のすみずみまで電力を良質、安全、安定で、徹底したコストダウンをして、お客さまにお届けする会社の形としては、現行の民営体制がすぐれていると信ずる。

最後に余談を一つ――。松永長男氏は、法律上の重要問題で、しばしば重要会議に出席した。ある時、松永安左エ門翁も出席した会議に陪席していたところ、突如「松永！」（「松永君」だったかもしれぬ）という大音声が聞こえ、びっくりした所、近くの松永翁もびっくりした顔をしていた。何事ならんと、あたりを見ると会議に出席していた電気事業連合会の松根宗一副会長が、松永長男氏を呼んだ声だった。松根副会長は、胆力も茶目っ気もある人だったので、二人の松永氏が出席しているのを幸いに、部下の松永氏を呼びつけて、日頃頭をおさえられている松永翁を驚かせたのだった。

日発出身の人の例として松永長男氏のことに触れた。

このほかで私の直接の上司だったのは千田二郎氏であった。工務系の優秀な技術者でありながら、お会いしてすぐ、労務感覚にすぐれておられることがわかり、教えられる所が多かった。日発は新電力会社に新しいタイプのよい人材を供給してくれたと言えよう。

日発出身のかたに触れたので、配電出身のかたにも触れさせて頂く。比較的長い間、上司であったかたとしては考査室長だった井澤幸夫氏がある。労務系の経歴であったが、社内の業務執行状況をチェックする考査室に着任すると、さっそく考査の視点について全く新しい提唱をされるなど、頭の回転が早く、物の見方が独自で、お話も才気あふれ、皆が聞きほれるかただ。慶應ボーイらしいかたで、大正デモクラシー時代の空気が伝わってきた。

もう一人、吉里和己さんも労務系統の出身であるが、九州出身の人格者で、多くの人に慕われておられた。私は社員研修の仕事の時、部下となったが同室で仕事をしていて、来客の多いのに驚かされた。社内の同年令層が一番多かったようだが、千客万来、相談に来る人が多かったが、風《ふう》をしたってくる人も多かった。九州ご出身でもあるので、私は西郷隆盛という人は、このような雰囲気をもった人だったかもしれないと想像したことがあった。

他にも思い出の多かったかたも多いが、紙数の関係で、ここまでとさせて頂く。

公益委、新会社の発足

ポツダム政令の内容は、

一、電力行政は米国流の独立委員会が行なう。

二、電気事業は民営とし、電力を全国を九地域に分けた発送配電一貫の会社とする。

の二点であったが、第一点の電力行政を担当する「公益事業委員会」が先ず設立された。この委員会は、電力行政全般を司どるものだが、設立当初は、右記第二点に示したような民営の新電力会社を設立するという大仕事を担うことになるので、その人選は大きく注目された。

公益事業委員会の陣容は次の通り決定した。

委員長　松本烝治（元商工大臣、国務大臣）

委員長代理　松永安左エ門（再編成審議会委員長）

委員　河上弘一（輪銀総裁、元興銀総裁）

委員　宮原清（神島化学社長）

委員　伊藤忠兵衛

委員長人事は特に注目された。再編成審議会委員長として実施決定まで漕ぎつけた功績のある松永翁の去就が衆目を集めたが、実施決定に至るまでの松永翁の動きが、政府の最高責任者の吉田首相との間に距離を生み、吉田首相は松永翁を起用する意向はなかったようだ。以前、国有化反対時に松永翁の盟友だった小坂順造氏が実は吉田首相の旧友であり、吉田首相に対し松永翁を何かと中傷したことも松永翁に対する吉田首相の反感を募らせた。小坂氏は最後の日発総裁に任ぜられたところ、元民営論者であったのに、日発の利益の擁護者に変身し、再編成論議の経過の中で、松永翁憎しの感を強めたといわれる。

そういう小坂氏であったが、公益委員会の委員に松永翁を推せんする行動に出た。意外の行動であるが、当初の人選に松永翁が委員長はおろか委員候補の中にすら名前が上がっていないのを聞き、せめて委員の一員にすべきだと提言したという。しかし、これは本心ではなく、前述の朝日新聞の大谷健氏著『興亡』などによると、小坂氏は、プライドの高い松永翁は委員長でなければ受けるはずはない、と推測して、形の上で松永翁を立てる意味だけで、断わられるつもりで、この提言をしたのだ、と述べておられる。ところが松永翁は、委員就任を求められた時、即座に承諾したので、形だけの提案のつもりであったのが、松永委員が誕生することになってしまったという。そのあと松本烝治委員長が、松永翁ほどのかたは委員長代理になって頂きたいと述べ、それで決着したという。

国のため自ら格下げを買って出た児玉大将と松永翁

皆さまは上記に述べた松永翁の態度をどのようにお考えであろうか。私は上記のいきさつを大谷健氏の著書で知ったのであるが、私はこれについても私なりの見解を抱いている。

それは日露戦争時における児玉源太郎大将の献身との相似である。二〇一一年のちょうど今、日本ではNHK大河ドラマ「坂の上の雲」が放映中で、日本が存亡の危機を乗り切った物語に多くの人が胸を躍らせている。児玉大将は日本が国の命運をかけ対ロシア戦争にのぞむ時に、日本のエースと目された名将田村参謀次長が急死した。この時の児玉大将の反応がすさまじいものであった。

児玉大将は大臣も経験し、次には参謀総長かと目される高位の人であったが、田村次長の急死を聞くや、自らの意志で、大幅格下げとなる参謀次長就任を買って出た。田村次長の後任となった児玉大将は、勝敗のキーポイントたる旅順の戦で乃木希典司令官を全面的にバックアップし、日露戦争の日本勝利に重大な貢献をなし遂げた。

この児玉大将の意志と行動を皆さまは、どうお考えになるだろうか。日本は生きるか死ぬかの瀬戸際にある。それを救えるのは誰か。児玉大将は、それまで積み重ねてきた経験、識見から、それを救えるのは自分しかない、ということが、自分自身でわかったのだ。そうであれば、不肖児玉は何が何でも、この仕事を買

児玉源太郎大将

って出なければならぬ。それが日本を救う唯一の途だ。しかし、このことを実現するためには自分は現在よりも低い地位につかねばならぬ。わざわざ低い地位につきたい訳ではないが、日本が生きるか死ぬかと、自分が格下げの地位につくことと、この二つを比べれば、格下げなどは全く問題にならない小さい事である。児玉としては何が何でもこの仕事について、日本を救いたいという、使命感が心の奥底から湧き起こったのであろうと思う。

以上の児玉源太郎大将の心の中の動きは、私には文献がなく、私が忖度《そんたく》したことである。

ここで松永翁が、委員長でなく、ただの委員を甘んじて引き受けたことについて考えると、これは児玉大将が格下げの地位を甘んじて受けたのと全く同じ心意気ではないか、と私は思い当たった。

松永翁は、拙稿で私がしばしば述べてきた通り、天才的な才能の持ち主であるが、それだけに持てる才能を善用し、電力を改革して日本を世界の大国にしようという大望を強く持ち、これができるのは自分しかいないと固く信じていた。松永翁は日本をこのように改革ができるのは自分しかないと信じた。この改革をなし遂げることが大事で、委員長であるか委員であるかなどは小さな事であった。委員を引き受けた時の松永翁の心境は、かつての児玉源太郎大将の心境と全く同じだったのではないか。この心境で、ひたすら目標の達成に突き進んだからこそ、二人は後世に残る大業を完成することができたのだと思う。

公益委時代に松永翁が国営時代と全く異なる電気事業をつくりあげたことを見れば、翁が如何にこの仕事に心血を注いだかがよくわかる。

松永翁の獅子奮迅の働きがあって電源開発が進んでいたので日本は救われた。さもなければ日本の急速な経済の成長は電力不足のため足を引っ張られ、日本の高度成長は達成できず、日本の経済大国化もなかったであろう。日本は敗戦後短かい間に世界の大国の仲間入りをするという奇蹟も達成し得なかったろう。松永翁の電力民営化は、電気事業の改革だけでなく、日本の経済大国化の原動力となったのである。

国営と民営のちがい

大量の電源開発を達成するため松永翁は単にかけ声をかけただけではない。日本のエネルギー構造のあり方を考え、それに応じた対応策を講じた。それは戦時中の日発が火力発電燃料の石炭確保に長期はおろか目先の対応にも手を打てなかったことと大きな対照をなした。敗戦直後までの日本は山岳が多いことから水主火従といわれ、水力発電が主体であったのを、これからは火力発電の時代になると火主水従を提案した。火力発電についても燃料はほとんど石炭を使っていたのを、海外の動向をにらみ、松永翁は日本中で先頭を切って、これからは石油の時代と提唱した。松永翁の提唱はすべて実現し、そのおかげで今は、エネルギー供給体制は世界情勢に適合したものとなっているが、その頃は革命的な考え方であった。それを委員長でもない松永翁は火の玉になって実現してしまった。

この松永翁の実績は権力欲などでできるものではない、日本の中で俺だけしかできないという使命感の故であると、私は申し上げたい。

国営会社の日発は政府の強力な支援下に設立されたのに、目先の発電用燃料確保すら失敗し、電源開発もほとんどできなかった。それは戦時中の悪条件にもよることだが、国の全面的支援の下に戦争遂行に協力しようという目的を持ちながら、この結果は、やはり国営体制というものの無責任であろう。

戦後の民営化後の新会社も戦後の悪条件下にあったのに燃料調達、電源開発という目的を充分に達成したばかりか、戦後早々なのに遠い今日を見通したエネルギー革命の道筋を定め、今日までそれを立派に達成した。細かい説明は省略するが、国営会社の実績と民営会社の実績が如何に大きく違ったか、国民の皆様はそのことをご覧になっていると思う。

吉田首相や池田成彬氏は、松永翁を再編成のため選んだのは偉いが、後に権力を長く持たせると何をやるかわからないと敬遠したというが、もし現在まで両氏が健在であれば異なった感想を述べたことと私は思う。両氏は松永翁の仕事が日本を経済大国に導いたことを自分の目で確認し、松永翁を起用したことは、日露戦争で児玉源太郎大将を選んだことに匹敵するような、国家のために貢献する人選であったと誇りに思うことであろう。

松永翁の激しい仕事への打ち込みぶりは、日本のトップのサークルに長くいた上品な池田、吉田両氏の目からは、野人の荒々しさに見えたこともあったかもしれぬが、後になってみると、翁の仕事達成のための無私な姿だったと評価するに違いない。

松永翁が松本委員長に終始敬意を表したというのも、松本氏に対する尊敬の念と共に、大望を実現するために委員長との協調を絶対に必要と考えたからであろう。大願成就のために、あらゆる心配りをした松永翁の仕事への打ち込み方のあらわれであると思う。

東京電力のトップ人事

新会社設立準備に当たり、大きな争点となったのは役員人事である。九社それぞれに色々な経緯があったが、日時を要したのは東京電力のケースであった。

東京電力のトップについて、小坂日発総裁は、新井章治元日発総裁を推せんした。新井総裁は有能な経営者で、組織を掌握し、日発社内でも人気があったようだ。その経歴は元東京電燈社長であったが、電力会社が国営化されたあと、敵陣営にあたる日発総裁に就任した。その後は国営会社の総裁として社内にとけこみ、国営の精神に同調するようになった人である。松永翁が電力会社が国営化されると、一切の仕事から隠居し、戦争中を茶道などに没頭したのと比べ、新井氏は国営と妥協した人である。

戦後に電気事業再編成をするというのは、民主主義、自由主義の精神で、戦時体制を見直そうという趣旨だから、新井氏は新体制にふさわしい人とは思われない。小坂総裁が、この人を推したのは、小坂氏自身、かつて国営に反対した人としては首尾一貫しない行為である。面妖といってもよい。

小坂氏自身は、吉田首相に日発総裁に選ばれ、再編成の円満な実施を頼まれたと思われる。同氏は総裁になると、ミイラとりがミイラになったような形で、自らを日発の守護神と考えて行動するようになった。再編成についても全権を首相から任せられたように錯覚し、旧国営の精神を体現する新井章治氏をトップに推せんしたのは頂けない。この行動を、本心は小坂氏自身が新会社のトップになりたかった故の動きだとする評も読んだことがある。松永翁が格下げの地位でも再編成のために命がけで働いたのと比べ、小坂氏の新井氏推せんは企業防衛という観点と考えられ、松永翁のように、世界の中における日本の位置づけを見通すと

新木栄吉氏

いうような観点はなかったのではなかろうか。既存会社の日発、配電会社が自己保存のため、その主張をするのは当然としても、裁定役としては、公益委員会が存在したのである。公益委側は役員人事を決める立場にあり、当初は民営化推進に努力した高井亮太郎関東配電社長を、新東京電力の社長と考えたのは越権行為ではなかったが、日発側の強い反撥に配慮して、会長に新木栄吉元日本銀行総裁を、社長には安蔵彌輔元日発副総裁を選んだのは、公益委として再編成を円満にまとめようとする努力のあらわれと考えられる。高井社長は新会社の副社長ということになり、新井会長、安蔵社長の体制で昭和二十六年五月に新会社が発足した。新木会長は日銀総裁が前歴の大物で日発配電両陣営から中立であり、よい人事とみなされたが、金融界のみの経験の人で、電力には不慣れであった。本人も気が重いように見受けられたが、就任一年足らずで駐米大使という要職に任命され、新東京電力の会長は空席となった。

ここで奇怪な動きが発生した。後任の会長に又しても日発側が新井章治氏を推す動きを始めたのであった。旧日発、旧配電会社の株式はいずれも、新電力会社の株式に交換され、新電力会社は新たな株主によって人事はじめ所要事項が決定されるはずであるのに、日発側は旧日発株主への新会社株の引渡しを延引して、旧日発株の保有を続けており、自己が保有中の旧日発株主権を行使して、新会社の会長後任人事を自己の意のままにしようとしたのである。この日発の行為は合法的行為であるかもしれないが、商法の大家である松本烝治公益事業委員長は疑義を呈したと伝えられる。

ともかく日発の自己主張は強く、昭和二十六年の東京電力株主総会では、新井章治氏を含め三名の日発側候補を取締役に選任する議案が出た。ところが総会議長である安蔵彌輔氏が人事議案の審議開始前に、突如、株主総会の流会を宣言し、総会は不成立となった。

そのあと、日時をかけ善後策が検討され関係者間で調停に持ち込まれた結果、新井章治氏一名のみを取締役とし、会長に選任することで一件落着した。この調停成立前に東京電力では木川田一隆氏が本社部課長を糾合し、新井章治氏の迎え入れを決議した。この動きも調停案成立の一助となったとみられる。

前述大谷健氏著の『興亡』は、この前後の動きについて微妙な見方を示している。木川田氏は、この時まで松永翁の側について民営派のために大活躍していたのに、国営派の新井章治をこの段階で迎える動きを示したのは何故かということである。新井氏が会長に就任すれば、高井、木川田氏などは会社を去ることになるとの見方もあったからである。これについて大谷氏は、この時点で病気療養中であった新井氏の病状がよくないことを木川田氏がつかんでいたのではないかと書いている。このことは、私は大谷氏の著書でのみ読んだ記憶があり、大谷氏の文章を読んでも、ことの真偽は不明であるが、新井氏は株主総会、取締役会で会長に就任した後も病気療養を続け、会社に一日も出勤しないうち同年九月逝去したのであった。

以上のような推移は、まことに不思議なドラマのようで、病床に倒れられた新井氏にとっては無念なことであったろうが、その後の民営化が大きな成功をおさめたことを考える時、松永翁は誠に強い星の持ち主であったと思う。日露戦争で連合艦隊司令長官に東郷平八郎元帥が選ばれた時、その理由を明治天皇に、東郷は運の強い男であります、と説明したというが、松永翁は比類のない才能に加え、強運の人でもあったと思う。

もう一ついえば、三鬼隆氏が飛行機事故で三原山で亡くなられたこともある。同氏は存命なら経団連会長に選ばれたとみられ、財界の有力者であり続けたろうから、電気事業の民営化に何等かのブレーキをかけたかもしれない。これも松永翁の強運の一つといえるのかもしれない。

人生には、このように運というものの影響も大きい。しかし人生は決して運だけでない。人間の才能と努力の成果は絶大なものであり、児玉源太郎大将や松永安左エ門翁のなし遂げたことは、真に人間の偉大さを示すものであると思う。

私が本章で述べたのは、電力の民営化は、大電源開発を達成し、その結果が日本を世界の一等国の仲間入りをさせたということであります。

これを私流の春秋の筆法で述べますと、第一章の英国電力公社の活躍と、第二章の日本の電力会社の全力投球は、二十世紀の世界歴史を書き換えるという大きな記録であったと考えています。

第三章　民営電力会社の歩み

民営電力会社がつくられた経過と松永翁という人物が民営化をフルに活用し、日本を世界の一等国としたことについて述べてきた。私は日本の電力の歴史の概要を書くようにとのご注文を受けている。であるから、電力民営化前の歴史にさかのぼって述べたいが、ここで一挙に明治時代に話を戻すのも唐突かと思うので、近い時代にさかのぼり、民営電力会社がスタートした頃からの動きを述べたい。私自身のささやかな体験もとり入れさせて頂く。

対立両社合併時の困難

民営電力会社発足時の東電トップ決定の経緯を前述した。昭和二十六年五月一日の会社設立時の初代会長には元日本銀行総裁の新木栄吉氏が、中立な立場であるとして就任された。新木会長が駐米大使として去られたあと新井章治氏が会長となったが、一九五二年（昭和二十七年）九月一日、新井章治会長が病気で出社できないまま逝去し、会長に安蔵彌輔社長が、社長に高井亮太郎副社長が就任した。一九五四年（昭和二十九年）五月、安蔵会長が退任し、後任に菅禮之助氏が就任された。

安蔵彌輔（あんぞう・やすけ）氏は技術系の出身で、関東配電を経て日発副総裁であった経歴から、中立的存在として、日発、関東配電の合併会社である新東京電力社長に適任であるとして、関係者の推挙で社長に就任、続いて新井会長の逝去にともない、その後をついだ。

安蔵氏は技術のオーソリティであったが、対立する両社の抗争中に社長となり、株主総会で日発側の反対提案が出された修羅場に議長として対処するなど、技術のエキスパートとしては不慣れな事態に立ち向かわねばならなかった。すでに軌道に乗った会社を運営するのと異なり、会社の創立時に会社をレールに乗せることは、平時とは比べものにならない負担がかかるが、直前まで対立していた両社の合併をまとめていくのは、普通の創立時よりはるかに大きい困難が山積していたことと思われる。私はこの頃、入社したばかり（一九五三年入社）で、その頃の社内事情に明るくないが、安蔵氏はその人徳で合併初期の融和に努め、大役を果して辞任されたということであろうと思う。

安蔵彌輔氏

私のくるのをブツブツいうとは

朝日新聞の大谷健氏著の『興亡』によれば菅禮之助氏を東電会長に引っ張り出したのは、小林中、松永安左エ門両氏だという。大谷氏は、この人事に高井社長、木川田常務は反対で、洒脱な老人菅氏はそれを知っていたという。それに続き、菅氏が次のように述べたと書いてある。

「あの時は社内重役間で別に迎えたい人もあったらしい。私のくるのをブツブツいったのは木川田君だそうだ。私だって知らぬ人を押しつけられるようなら、やっぱりブツブツいうだろう。会ったことはないが感心な男だ。この人は頼みがいがあると思った。」

如何にもそういうことを言いそうな人だ。五月に就任し、九月に木川田氏を副社長とした。

菅禮之助（すが・れいのすけ）氏は、戦後、石炭庁長官をつとめ、同和鉱業会長をつとめた人で、エネルギー事情に明るく、企業経営の経験に富み、当時の石坂泰三経団連会長と親しいなど財界の重鎮であった。

東電は、初期の首脳新木、新井、安蔵各氏がそれぞれ困難な時期にトップの地位にあった後、上記のような財界の大物の菅会長の登場によって、企業規模にふさわしい発言力を認められたと言ってよいであろう。

公益委の廃止と菅会長の時代

一九五四年（昭和二十九年）四月、対日平和条約が発効し、日本政府は占領時代から離れ、独自で判断が下せるようになり、同年八月、公益委が廃止された。菅会長の就任は一九五四年五月で、公益委廃止の直前であった。松永翁は、廃止にともない、電力会社に対し強い権限を有する公益委から去ったが、その後、電力中央研究所理事長に就任し、電力界を指導し、大きな指導力を持ち続けた。

菅禮之助氏

小林中氏、松永翁などは、発足早々の新電力会社が次の段階に入る時期と判断されたのであろう。次は、新会社が独立自尊の意気を高め、日本社会に信頼できる存在として支持されるために、強力な発言力が必要だと考えられたのではないか。

菅会長は就任後、石坂経団連会長、足立日商会頭との親交で財界との協調を強め、その他各界とのつながりも強化し、新発足の民営会社の存在が広く認知された。

菅会長は体軀堂々とした風格のあるかたで、自分は日常の仕事はすべて社長にまかせると公言しておられたようで社内報にもその旨書いておられたと思うが、私は次に述べることがあったので、菅会長は、日常の事にも細かい気配りをされていたことを知った。

私が社長室原子力発電課に勤務していた時、上司の社長室次長だったT氏（後に常務）が外国出張し、菅会長に帰国挨拶をした後、私共の部屋に戻ってきて、「参った、参った。会長から、留守中にボーナスを支給したが受け取ったか、と聞かれ、まだ確認しておりませんと返事したら、それはおかしい、しっかり言っておいた筈だ、すぐ調べさせると言われて、記憶があいまいでどぎまぎしてしまった」と本当に参ったようすだった。そしてT次長の口癖の「おこだなぁ」という言葉を連発された。「おこ」というのは、国語辞典によると「ばか」の意の雅語的表現だという。「おこ」はあて字で烏滸と書くという。私は同世代の中では語彙はある方だと思っていたが、この言葉は後にも先にもT次長に聞いただけであったから、文化の伝播経路も色々あるし、時代や環境によっても急速に使われなくなる言葉もあるものだと感じた。

菅会長は何でも社長まかせのようなことを言われながら、外国出張がボーナス支給時期に重なった社員への支給について気を配るかただとわかり、豪放であると同時に細心のかたであることがわかった。

うかがい文書は○○してしかるべきや

話を横道にそらせると、私の若手社員時代に会社の古い書類を調べた時のこと。合併前の関東配電時代の社内での上司へのうかがい文書（稟議書《りんぎしょ》）だったと思うが、「○○してしかるべきや」という字句が使われていたと記憶する。新会社の用語は「○○してよろしいでしょうか」という文言であり、旧会社の用語が文語文であったのを口語文に翻訳したのだな、と思った。私共の世代は文語文になじみがあったが、今のかたはなじみがうすいのでびっくりされることだろう。

話を戻すと、菅会長の在任時に労務管理が厳しくなったと感じた。時間外勤務手当は必要な時は認められていたが、管理が厳しくなり、審査が厳しく、なかなか認められなくなったことを実感した。菅会長就任の時点まで、社内では旧体制間のわだかまりが残り、社外では外部勢力による民営化体制への抵抗が続いており、経営首脳は非常に苦労されたようだ。菅会長はその存在感で社内をまとめ、各界への広いつながりと強力な影響で、新体制を安定させ、民営化のよさを日本社会に認知させた方であると思う。

菅会長の名人事

引続き東京電力の菅禮之助会長の足跡に触れさせて頂く。

東京電力の発足早々には、直前まで抗争していた日発（日本発送電）と関東配電の両社から入社した人々に加え、初代会長の新木元日銀総裁が連れてきた堀越禎三氏（元日銀理事）などの諸勢力が並立した形であったが、菅会長は就任後早い時期に思い切った人事を断行した。有力者の一人の堀越禎三常務を経団連事務局に送りこんだ。堀越氏はその後長く経団連で活躍し、副会長として大きな業績を残されたので、菅会長の名人事であったと思われる。

堀越常務の思い出

堀越氏は金融界出身の人であったが、人間的に幅広いかたで、旧制第五高等学校（五高）の出身者で、五高の後輩の池田、佐藤元総理とも親しくて政財界に顔が広かった。日銀マンには珍しい歯に衣を着せぬ場合があるかたで、新木栄吉氏が信頼した人だが、謡曲などの趣味人でもあった。

私は入社早々の銀座支社で謡曲の会員となったところ、いっしょに来いといわれ、堀越常務の謡曲の集まりに出席したことがある。東京電力では、関係のない平社員が常務の会に同席することは通常ないことなので小さくなっていた。常務から何をやっているのかご下問があり、「竹生島」を習っていますとご回答したら、やってみろとのご指示で、今に至るも汗顔の至りだが、「緑樹陰沈んで魚樹に上る心地あり…」などとやってしまった。常務から「まだ初心のようだが、頑張って下さい」といったお言葉があったが、身の程知らずの行動であった。分際をわきまえぬ私の行ないにも温かい言葉をかけて頂き、お人柄に感じ入った。

菅会長は、就任後の人事で、関東配電、日発出身の年配の経営者も更迭し、前述のように木川田氏を副社長に昇進させた。さらに木川田氏に経済同友会の世話役として活動することをすすめ、木川田氏は後年、経済同友会の名単独代表幹事として、財界で大きく活動することとなった。

石坂泰三氏の心をうつ歌

大谷健氏編著の『激動の昭和電力私史』(電力新報社一九九一年刊)は、大谷氏司会の座談会をまとめたものだが、この中で東電の長島忠雄元副社長は「石坂泰三さん(経団連会長)、足立正さん(日商会頭)は東電の社外重役で菅さんと非常に仲が良かった」という。大谷氏はこれを受けて「石坂さん、足立さん、菅さんとか東京財界の第一人者は東京電力をちゃんと見守っていかなくてはいけないという気持ちがあったような気がしますね」という。長島氏は石坂氏の思い出として、石坂氏逝去の時、土光経団連会長が最初に弔辞を述べ、石坂さんの歌を紹介した。石坂夫人の雪子さんを偲ぶ歌である。その歌とは、

雪降れば　雪子とぞ思う　走りいでて

心ゆくまで掌にとらまほし

という歌であるが、「石坂さんが亡き愛妻を偲ぶ万葉の相聞歌にも似た歌だ」という。石坂会長にこのような一面があられたことを知り、何かしみじみとした思いを抱いた。

菅会長は裸馬と号し、俳句の世界で有名であった。東電の長島忠雄副社長の回想によると菅会長は、「俺は俳句の添削が本職だと自称するような人でね」（大谷健氏主宰の座談会より引用）という。相撲愛好家としても、ある相撲部屋に肩入れしておられたと聞くが、今日の角界の苦境を眺めたら、さぞや嘆かれることだろう。

菅会長は、電気事業連合会会長、日本原子力産業会議会長としても、電力界、原子力界のまとめ役として大きな業績を残された。

松根宗一氏の回顧談

電気事業連合会では、専務理事（のちに副会長）の松根宗一氏に多くをまかせておられたようだ。松根氏はもと興銀の人で、戦前の電力会社が自主統制のため結成した「電力連盟」の書記長に選ばれた。警察は、その後、電力国家管理に反対するため政治資金を動かしたとの疑いで松根氏を逮捕した。

朝日新聞大谷健氏著の『興亡』によると、松根氏は釈放後、次のように語ったという。

「松永さんが新橋で慰労会をやってくれた。そして松根君、人間は死ぬような病気の経験もなく、命がけの恋愛をせず、くさい飯をくったことがないのでは大した人間になれぬ。君は願ってもない経験をしたのだ、と激励してくれてね」

電源開発会社の設立

さて昭和二十六年の新電力会社発足後も、電力会社は社内でのわだかまりもあったが、社外でも民営化反対の動きにさらされていた。一年経過した昭和二十七年九月には電源開発会社が設立された。これは電力民営化決定の前に、日発側が主張した融通会社構想に似通ったもので、電源開発を専門に実施し、できた電力は一般向けに販売せず、電力会社に卸売りするという会社である。新電力会社は設立に反対したが国会を通過し、設立された。

　この電源開発会社は初代総裁に実力者高碕達之助氏が就任し、それまでの土木工事が人力が中心であったものを、外国の大型土木機械を導入し、佐久間ダムを完成したことで知られる。

　関連して述べると新電力会社発足時に吉田首相の側近として占領軍との交渉などで活躍した白洲次郎氏が東北電力の会長となった。このことは電力再編成に吉田首相の承認を得ることに寄与したと思われ、これも松永翁の名案であろうと思うが、白洲氏は就任早々に同氏の日本政府に対する影響力を行使し、只見川の上田、本名両地点で電源を開発する承認を得た。この両地点の水利権は東京電力がもっていたので、東京電力が抗議したりすれば、どう決着したかはわからないが、同社は発足早々の電力民営化を成功させることが重要であると考え、円満に解決することとしたという。

　このことについて朝日新聞大谷氏が開催した座談会で、東京電力・長島忠雄、関西電力・鈴木俊一という両社の元副社長が民営化を守るための関係者の態度を評価している。

この話の続きを述べると上田、本名の両地点は東北電力が開発し、その後の只見川の電源は電源開発会社が開発した。

広域運営のスタート

菅会長時代には色々の難題があり、電気事業再々編成という論議が起こり、民営化で誕生した電力会社の体制をもう一度見直そうという論議が大問題となった。この問題でも智慧者がおり、新電力会社を再合併するといった議論もあったが、結局は「広域運営」という考えで決着した。

それは全国を数地域に分け、近隣の電力会社がグループとなって連繫を強化して運営することになった。例えば、北海道、東北、東京の三社は「東地域」と名づけ、色々な形で連繫し、効率化に貢献している。民営化体制について、この時点で智慧を結集し、一層の効率化がはかられたのであった。

「男は火吹竹を吹くな」——菅会長の名言

菅会長時代に東電は存在感を増したと思うが、私は入社早々の時代で、会長のご業績の詳細を知る立場でなかったが、会長が社内報で社員に語りかけた言葉に最も強い印象を受けた。戦後、占領軍は日本の文化を消し去ろうとしたが、これに対して、日本の文化を守ろうという発言はほとんど聞かれなかった中で、菅会長のこの発言は特記すべきものと思われたのだった。

菅会長は在任中に、東京電力の社内報の巻頭に「男は火吹竹を吹くな」と題する文章を寄せられた。私の手許に当時の社報が残っておらず発表時期は不詳であるが、菅会長は昭和二十九年から昭和三十六年まで在任されたので、その間のことであると思う。

私は昭和二十八年の当社入社であるから、まだ新入社員の頃で、上層部の動きを知る立場でなかったが、社報の記事は目を通しており、とくに会長が目新しい表題で書いておられるので熱心に拝読した。

この表題の言葉の意味は、今の日本でどのくらい通用するのか、よくわからないが、今から五〇~六〇年くらい前に発表されたので、私共には辛うじてわかったような気がする。火吹竹というのは、口で吹いて火を熾《おこ》すための道具で、竹筒である。昔、食事をつくる時や風呂をたくため火を熾す際、使われたもので、私がこの社内報を読んだ時点では、もう実用に使われているのを見かけず、一昔前の家庭用品であった。

菅会長が言われたのは、料理のために火をたくような家事は女にまかせて、男は家の外で（社会の）仕事に専念せよ、ということで、それを全社員に大号令をかけられた。

当時の日本は今と比べてまだまだ男尊女卑の気風が残っていたと思うが、それでも戦後一〇年そこそこ経っていたので、占領軍の諸改革もあり、女性の自己主張が高まり、男性も徐々に女性の立場をおもんばかる方向に変わりつつあったと思う。

占領下の時代感覚と明治の精神

菅会長の訓示は、純粋な明治の精神がほとばしり出るもののように感じられた。この訓示を読み、私は強く印象を受けた。半世紀前当時の占領後の時代感覚に対する明治人としての会長の断固たる信念の表明であった。

菅会長発言から半世紀、日本人の物の考え方、文化もすっかり変わってしまい、菅会長のこの発言を今お読みになって距離感を持つ方もおられるかと思うが、私は、この言葉は非常に重要な意味を持つと感ずる。私は二つの大きな意味を感ずる。その二つは相互に関連するような、相反するような意味であり、愚見にご異議もあるかもしれないが、ご披見の上、ご教示頂きたい。

第一は、当時は高度成長が始まろうとする時期で、松永安左エ門翁が電源開発促進に死にもの狂いになっていた頃であるが、菅会長も東京電力のトップとして電源開発に邁進しておられた。この火吹竹発言は、東電社員の労働意欲に大発破をかけられたのであって、菅翁も、この発言で高産成長の促進に大きく貢献された、というのが第一の意味である。

第二の意味はというと、菅発言の頃以降にわが国が経済成長一色となり、それは物質面で大成功をもたらし、わが国の大国化までつながった。この大功績は、いくら賞賛しても賞賛しきれない程、大きいが、余り指摘されないけれど、その反面として、日本の精神文化が過去の伝統と切り離され、経済大国、精神小国への道を歩む分岐点となったことである。

この第二点は、これにより高度成長の大功績を否定するものではないが、高度成長には一種の反作用があるので、この時点で、高度成長は大切であるが、日本のココロを失ってはならないという警世の言は貴重なご発言であった。菅発言は、この点も視野に入れた発言として、注目すべきものと考える。

私は高度成長により貧困が追放され、世界の大国となったのは、敗戦国としての金字塔であるが、ここで世を見通す人があらわれ、精神面のアンチテーゼを出し、日本の精神文化のよい蓄積が伝承され、維持されるべしというシグナルを点ずる必要があったと考える。

戦後の復興の熱気の中で、そのようなアンチテーゼはほとんど出なかった。文化芸術方面の畑の人からも、出なかったと思う。私も今こんなことを述べているが後智慧である。

そのような中で、菅会長の火吹竹発言は、高度成長を後押しする一面だけでなく、第二の面を持ち、江戸明治と伝わってきた伝統ある精神文化を今にして失なってはならない、という警鐘を鳴らしておられるのだ、と思う。その意味で、私は菅発言は高度成長の日本に対して、ほとんど他の人からは発せられなかったアンチテーゼを提示されたものと言えるのではないか、と思う。

菅発言のうち家事は女性にまかせよと受け取られる部分については、今日の女性の見事な社会進出ぶりを見ても、モディファイすべしとのご意見は当然あると思う。菅発言の本旨は女性の役割の点でなく日本の伝統文化の維持にあったと思う。森羅万象には多元的意味がある。男女の関係は、その生物学的役割を尊重しつつ、機会均等をはじめ平等を尊重することは、きわめて重要である。私は在職中、女性の役割を重要であると考え、在職中、職場における女性の昇進、長期産休などできるだけの前進に努めた記憶があり、ささやかであるが、よい前例づくりにつとめた。

一方、日本古来の美風の中には、人倫の大道など重要な原則が多く含まれているが、これが失なわれる危機に瀕していることには日本人の注意が及ばなかった。菅会長の火吹竹発言は半世紀前のこの時点の発言として、私は時代を画する名言であると述べたいのである。

外国通の日本人が日本の電力を評価

ちょうどここまで書いてきたところで、二〇一一年一月三十一日付の産経新聞朝刊を読み始めた。一面に著名な外交評論家岡本行夫氏の「現場力が日本を支える」と題する寄稿が掲載されている。これを読むと、私にとって胸を躍らせる嬉しいことが書いてあったので、ご紹介する。

（前略）日本にいると当たり前のことと思ってしまうが、世界中を旅していると日本の電気供給の安定性に感動する。停電はなく、電圧は常に一定。鉄道ダイヤの正確さ。食の安全。各種サービスの窓口での応対の信頼性。工場現場での改善提案の多さ。チームワーク。（後略）

以上の岡本行夫氏のご指摘は、私にとってこれ以上ない嬉しいお言葉である。最高レベルの国際・国内活動をされている岡本氏が縁の下の力持ちの仕事をしている現場について、目を向けて頂き、私共一層努力しなければと感じた。今日、東京電力は国をあげて批判の嵐を浴びているが、長期にわたり世界の中で最高水準の電力を供給してきたことを有識者にお認め頂き本当に有難いことである。

この拙稿で前述したが、私が現場勤務時代、台風があると、一般のかたがたは身を守るため屋内に退避なさるが、当社の現場職員は、激しい風雨の中、身を挺して、電力設備を守り、復旧するため、飛び出して行った。私は管理者として、支社の玄関で声をかけて見送った。

このことを私共は義務と考えており、当然のつとめを果していると考えているが、今日の社会が便利になり、安全快適に送れるようになっているのは、誰もが坐っていると、天からぼた餅が降ってくるのではない。昼も夜も、休日も、台風の時も地震の時も、人の目に立たないところで多くの分野の現場の人々が一生懸命職務を果していることを国民の皆様に知って頂ければ、現場の大切さについて、一層のご理解を賜われると思う。

岡本氏の発言は本当に有難い。

岡本氏は続けて次のように言われる。

世界一の現場力が日本の武器

(前略) われわれ日本人が不得手なところは多い。戦略性、概念を構築する能力、発想力、異端に対する包容力、リスクをとる逞しさ…。常に新しいフロンティアを切り開いていかなければ負けてしまうグローバル競争時代には、まことに大きなハンディである。このままでは後退が続くことになる。世界一の現場力を競争の最大の武器にするための体制づくりが、日本の生きる道だろう。

（後略）

以上が岡本氏の結論部分であるが、同氏はその中でもう一つ、現場力をより強める体制づくりを提言されており、このご意見は私共がしっかり受けとめるべきことだろう。

日本は過去の危機に際して、それを乗り越える人材を生んでいる。例えば松永安左エ門翁の如きは、まさしくその人であると思う。日本はこういう人を見出し、育て、枢要の地位に配することが今後の課題であろう。

現在の日本にも人材はいると思う。危機は人材を生む。我と思わん者は、前述した児玉源太郎大将、松永安左エ門翁のように、自己の地位に拘泥しないで国のために名乗りを上げた先例に続いて頂きたい。

また、よき伯楽が出て、吉田茂氏や池田成彬氏の如く、日本社会に回天的発展をもたらすような人材を発掘して下さるようお願いしたい。

現場にいたすぐれた人々

さて現場力の話に戻ると、私が東電在職中に支社長という現場管理職をつとめていた頃の経験でも、現場職員は本当によくやっていた。しかしどんなによくやっていても、職場に全く問題がないことはない。膨大無限といってよい供給設備の事故を全く ゼロにすることは至難であった。

例えば別の職場の話だが、電柱の上の変圧器から火が出ることがその頃、稀な例であるが発生し、周囲に大勢の人が集まることがあった。人々に情報をお知らせしないと、不安や不満の声が出ることがある。

そういう時に、気働きがある職員がいるのだ。その人は、メガホンを持ち出し、事故の説明と復旧見通し、安全上心配ないことや注意事項を述べて周囲の人を納得させる役割を果している。

人々は日常、現場職員が設備を守っていることを目にしている上、心配事の時に、しっかり説明がなされるので、私共のような縁の下の力持ちの仕事に安心して下さるのだ、と力強い感じを受けた。これは、私が英国に駐在した時の経験と比べても日本の現場力には自信を持ってよい、と思う実体験である。

岡本行夫氏も日本の現場力は世界一とおっしゃっているが、まことに有難いお言葉であると思う。

よい学校出ていないとえらくなれない？

私が現場の管理職をしている時、力を入れたことの一つは、現場の叩き上げと言われる大学出でないような人を、できるだけ重要な仕事につけるようにしたことだ。

叩き上げの中の長老で現場管理者の人が若い部下に「お前たちは、どうせよい学校を出ていないから偉くなれないぞ」と言っていると聞き、その長老に、時代は変わるのだと注意したが、これは事実で示したいと思い、現場の若手に非常に優秀な人が多いのに気づいていたので、私の権限で、これまでの慣例より早目に何名かを現場管理者に抜擢した。士気が向上し、現場の成績も上がったが、社内の横並びの職場から注目され、問合せも多く、同様の待遇改善を実施する職場も少なくなかった。

もう一つ私の記憶に残っている例として、帰途の交通事故で身体の一部を失った優秀な現場管理者について本人の過失でないことを、本人の将来のため、本店にも手を尽くして説明し、早い時期に同等の職に復帰してもらったことがある。当然のことと思っているが、大勢の職場であり、本人の不注意であると誤解されないように防いだのはよかった、と思っている。

英国の鉄道サービスに難儀

社命でロンドンに駐在中、東電の親しい同僚のご令息が英国の某市に勤め先から派遣となったので、ある休日に列車で某市を訪れた。事前に打ち合わせたので、令息と夫人は、食事を用意して待っておられた。ところが列車が途中で停止し、動かなくなった。長時間待たされ、何の説明もなく、私は訪問先への迷惑を恐れるのに電話も通じず、地団駄を踏んでいたが、何時間も遅れた。

やっと訪問先に着き、深くおわびしたが、先方も着任早々で、日本の鉄道事情を前提に考えておられるので、私の遅参について不審の念を抱かれたようで、予定しておられた市内のご案内などの時間もすでになく、急ぎ足で失礼した。申し訳なかったのはもとより、私も口惜しいことだった。

当時の英国の公益事業のサービスは日本ほど行き届いていなかった。多くの国で現在もそうであろうと思う。

青木均一氏

その後、高井社長が退任、後任社長に青木均一氏が就任した。

高井亮太郎社長は技術系出身であったが、旧関東配電時代に社長をつとめて、経営者の経験を積んでおり、事務関係にも目の届くかたで、菅会長の信頼も得ていた。

青木均一社長は、電力民営化についての国会公聴会において、敢然として民営化を支持した人物で、その結果、新東京電力発足以来、社外重役をしていた。

小竹即一氏著『世界一の電力会社東京電力の実体』（政経社発行）は、青木氏の言動を次のように伝える。

菅会長からとくに社長として要請されれば断わりきれなかったといい、また「木川田さんの勧めもあった」ことを明らかにしている。

そして東電社員に対しては、責任制の確立とともに、綱紀の粛正を強くうたい、同時に派閥の払拭をあげている。青木は就任早々、「外部の業者のみなさんへ」というパンフレットをつくらせ、社員との物のやりとりを一切しないことを求めている。

青木社長の綱紀粛正は真面目な社員にしみわたる

私は後年、東京電力内の資材部に勤務したが、資材部員は業者との関係にきわめて潔癖であり、送り物を受けた場合、勤務先に持参して返送している風景を見て、青木社長の精神が脈々と伝わっていることを実感した。私は東電に入社した頃から、同社は長年、関東地方出身の地元の人を採用しており、社員の人柄が、真面目で正直者が多いと感じていた。そういう社員の気風があるところに、青木社長の精神はよく浸み通ったのだと思う。

青木社長はスポーツマンであり、社内ではスポーツを大いに奨励したことでも社員の記憶に残っている。

木川田社長の就任

　昭和三十六年七月に菅禮之助会長が辞任し、後任に青木社長が就任、新社長に木川田一隆副社長（常務から副社長に復帰していた）が就任した。

木川田一隆氏

木川田氏の社長就任については、松永安左エ門氏が菅会長に意見を述べた結果、菅会長は自身が身を引いて、ここに述べたような新体制ができたという。菅会長は大きな足跡を残し、さわやかに退任された。

　青木社長は外部から入られたが、清廉なスポーツ好きで、社内でも人気があったと思う。ただ昭和二十六年に新会社ができて以来、十年間にわたり、東京電力では電力出身以外の人が実権をもってきたので、社内に生き抜きのリーダーを期待する空気も次第に生じていたとの見方も読んだことがある。ちなみに木川田氏以後、歴代の東電トップは関東配電出身者、東京電力生え抜きが就任している。

　後任となった木川田氏は大変な実力者で、社内を完全に掌握している人であり、かつ政界に顔のきく政治力のある人だった。生え抜きである上に電力民営化の動きの中で松永安左エ門翁陣営で活躍し、新電力会社発足時から東電を担う人とみなされていた。松永翁の強い推せんにより木川田社長が実現したという。松永翁が何故強く木川田氏を推せんしたかについて私の感想を述べたい。松永翁の民営化の動きを支持応援して抜群の功績があったようだが、松永翁と木川田氏との間には人間の味わいが若干異なるような気がするからだ。

松永翁は戦前の激烈な民営電力会社間の自由競争の勝者であると共に、国営化時代には一切、身を退いており、戦後の民主化時代になって民営化に全身を捧げ実現にこぎつけた人である。

木川田氏が大変な実力者であることはまちがいないが、その社内管理を見ると厳格な管理という色彩が強く、理念的にも石坂泰三氏の純粋自由主義と異なり、むしろ社会民主主義的な傾向であったという見方をする文献もある。それにもかかわらず松永翁が木川田氏を強く推したのは、松永翁は自己が実現した民営化体制を維持発展させることに最大の関心があったのだと思う。

松永翁から見ると折角実現化した民営化体制には国内では反対勢力が根強く残

っており、弱い経営者であれば民営化攻撃に充分応戦できないかもしれない。民営化を国民のためにも国のためにも理想と信じている松永翁は、木川田氏なら必ずや民営化体制を守り抜ける人であると考え、同氏しかないと思ったに違いない。

木川田社長は、松永翁の信頼に応え、民営電力に対する反対の動きに対して適切に対応し、民営電力会社の地位を盤石のものとしたと思われる。

木川田社長は昭和四十六年五月まで社長、そのあと会長となり、昭和五十一年十月、会長を辞任した。年を経る毎に財界の有力者となり、ジャーナリズムでも賞讃の声が集中する人だった。多忙のため社内の人間も、木川田社長に接触することは難かしく、私など余りお話する機会がなかったから、木川田社長についてご紹介する適任者ではない。そこで手もとにある文献から若干引用させて頂く。

東京電力か関東電力か?

『電力人風雲録』(政経社発行)から引用すると、電力再編成の時、東京電力という社名を決めるにあたり、木川田氏が次の通りアイデアを出したという。

「関東と、東京と、どっちが大きいと思うか」と木川田は聞いた。妙な質問である。ところが、岡次郎常務が、東京という名は世界中に知られているが、関東という名を知っている人は、まずいないだろう、と発言、みんなはこれを納得し「東京電力」で一致した。

関東配電と日本発送電の合併であるから、関東電力という命名が考えられ、日発側は、東京電力という呼称案に反対し、関東電力でよい、との意見だった。このため説得するのに数日かかったと木川田氏は述懐した、と同書は述べている。木川田氏、岡氏は東京電力の名付け親といえるのだろう。国際化した現状から見て、東京電力というネーミングは適切であったと思われる。

一つつけ加えると、「東京電力」という名称は、電力の戦国時代に東京進出をめざした松永翁の会社の名前と同じで、松永翁は歓迎するだろうとの読みもあったのかどうか。

進藤武左エ門氏

松永翁の東京進出というと、松永翁の東邦電力の役員進藤甲兵氏の甥・進藤武左エ門氏が営業課長として東京に乗りこんだ。『電力人風雲録』は次のように語る。

即戦即決できる有能多才な人間でなければ務まらない。武左エ門はのちに水資源公団総裁や中国電力会長などの要職に就く人物だが、甲州人が甲州閥征伐の役に立ったのである。

右記の甲州人というのは進藤氏のこと、甲州閥は東京電燈を支配していた若尾璋八氏らのことを指している。

甲州の人は電力に縁が深い。関西電力の元社長秋山喜久氏は、祖先が関西の有力者だったが、昭和三十年に東京電力に入社しようとしたところ、不況で東電が採用を中止したので関西電力に入社し、社長となった＝志村嘉一郎氏著『闘電』(日本電気協会新聞部発行)より。

新井会長受入れに木川田氏の動き

『電力人風雲録』の伝える所によると、昭和二十七年五月の東電株主総会で日発側が近藤良貞氏の作戦で日発側に有利な人事を提案しようとしたところ、安蔵彌輔議長が寸前で流会を宣言し、日発側の作戦を阻止した。この問題は放置しておけないので、木川田氏は収拾に動いた。木川田氏は松永翁の陣営に属し、新井会長就任に反対していたが、この問題収拾のためには、新井会長を受け入れるしかないと、社内の部長級を集めて全員の賛同を得て部長会決議として、安蔵社長の賛成を得た。木川田氏は松永翁にも了解をとりつけた。

以上の経過を経て、仲介人の加藤武男氏の裁定で新井会長が決まったことは、この連載で既述した通りである。新井会長は出社できないまま急逝するが、株主総会流会の非常事態をおさめるため、木川田氏は敵対した新井氏を一転迎え入れるというあっと驚く行動で、社会に受け入れられる解決に成功した。結果的には新井氏は死去し、松永翁の民営化路線が無事守られたのは、木川田氏の以上の端倪すべからざる動きによる所で、松永翁が最も高い評価を与えているのは、このことによる所が大きいと思う。

木川田氏は民営護持の役割果す

もう一つだけ『電力人風雲録』から引用させて頂く。

ここで同書は、門田正三（元東京電力副社長、電源開発総裁）の「回顧録＝容衆」を引用している。その中の「木川田・水野両社長の思い出」の項に両社長に対する評価と共に注文もしているという。門田副社長は、電気料金を取扱う営業部門の総帥だった人であるだけに、経理に明るい。同氏から見ると、木川田社長、水野社長ともに資本的支出と経常的支出の区別に関心が薄かったように感じられたことに一言したかったようだ。

世間から仰ぎ見られている木川田社長に直言できる人間は東電社内に少なかったと思われるが、門田副社長は肥後もっこすで、社内を完全に掌握した木川田社長にも理論闘争する勇気をもっておられたのではないかと思う。

木川田社長は社内を慴伏させる管理力と、政治家に対応できる政治力、経済界に対する独自の新しい経営理念の提唱力などにすぐれた人物であって、同氏の力量により、民営電力の位置が定まった。

なお木川田氏の在任中は、高度成長の果実を享受できる時代で電力会社の影響力が大きかった。またエネルギー入手には公害問題が生じていたが、海外からの輸入などは後年にくらべ順況にあった。この時代は電気事業経営にとっては、設立当初の諸困難を脱して追い風を受けた時代であり、木川田氏らが各界にもてはやされたのは、木川田氏の実力によるとともに電力民営化の成果による追い風を受けたということもあったといってよいと思われる。

同氏の築いた会社の位置づけに、後を継いだ経営者が、より民間会社らしい会社を築いていったものと私は考えている。

静かに大胆に改革された平岩会長

私をロンドン駐在に発令された平岩外四社長は、その後、東京電力会長となり、経団長会長に選出された。経済界を代表する地位につかれたので、社外活動では広く世間のかたがたがご存知と思うが、社内の経営については世間一般では、それ程ご存知ないであろう。ご本人もご自分の方から言あげするかたではなかったと思う。

平岩社長の前は木川田一隆会長、水野久男社長の時代であったが、実質は強力な木川田会長の全面的影響力のもとにあった。木川田会長のらつ腕を疑う者はなかったが非常に強力に社員を統制し、老令になるにつれ、なかなか社員のいうことは通りにくかったのかもしれない。しかし筆者は松永安左エ門翁は電力民営化体制を守ることを木川田氏に期待したのであると考えており、木川田氏はその意味で、民営化体制を守り、東京電力の存在を強めたと思う。

木川田氏はその役割を果したのであったが、民営化らしい企業精神は平岩社長時代にはじまったと思う。私は社内で見ていて、平岩さんは社長、会長在任中に当社の経営を静かに改革され、前進させた偉大な経営者であったと考えている。平岩さんになって社内の意見が聞かれるようになり、社内の風通しがよくなった。社内全般に意見を聞かれたが、現場を大切にされたのも平岩さんであった。

社内の雰囲気を明るくされ、民間会社らしい雰囲気にされたが、決して人の言いなりになったのではない。平岩さんは決して多くを語られなかったと思うが、大きな改革を黙々着々と実行に移され、涼しい顔をしておられたと思う。

天性の人をひきこむかたであり、面会する人はその魅力にひきこまれるような人であった。対人関係の達人で、経団連会長に選ばれるのもなるほどと思われるようなかただった。

平岩さんは適材を外部でも活躍させ会社の名声を高めた。

社員が社外活動へ

例えば加納時男氏を参議院議員に、春英彦氏を日銀審議委員に送り出したのは、当社では前例のないことで、加納氏はエネルギー、電力問題への国民の関心を高めた実績は誠に大きいと思う。これは平岩さんの心の広さと適材の推挙によって実現したことと思う。最近、新たに日銀審議委員に東京電力ＯＢの森本宜久氏が選任されたが、これなども春氏の実績が評価されたことが一因ではないだろうか。

ＮＨＫ経営委員に篠崎さん

東京電力プロパーではないが、高原須美子元経企庁長官の愛弟子の篠崎悦子さんというかたは、高原さんの推薦で東電に入社し、ホームエコノミストという職名で、ご家庭と東京電力との間に橋を架けるような役割を長年なさっていた。高原さんはエコノミストという立場におられ、篠崎さんと二人で、私が以前勤務していた東京電力・金杉支社を指導して下さり、「くらしの便利帳」というのを編さんされた。昭和五十年頃のことであったか、このようなお客さまの日常生活に役立つような便覧風の小冊子を企業や団体が配るようになったはしりの頃ではないだろうか。

篠崎悦子氏

私は途中から、金杉支社の支社長となり、高原さん、篠崎さんのご指導を受け、ご一緒に仕事をしたりして、高原さんが亡くなられたあとも、篠崎さんとは当時の支社仲間の高橋吉之助氏や故村上吉保氏、石原豊三氏、梅津栄三氏らと共にご交誼を続けてきた。この篠崎さんは東京電力を退社後、ＮＨＫ経営委員になられ、二期目も候補になられたが、国会承認人事であるので、二〇〇九年に参議院で提案者の自民党が少数のため否決されるという珍しい経験をされた。ご本人と全く関係なく、政党の争いに巻き込まれた結果で残念なことである。ご本人は至ってさばさばとされ、悠々自適を楽しんでおられるが、私は同じ釜の飯を食べた思い出があるので、有能で経験豊富な篠崎さんがまた活躍される機会がくることを祈っている。

「テプコ浅草館」の閉館を嘆く

東日本大震災以来、事故対策で忙しい東京電力とは私は連絡をとっていない。ところがあるところから私の大切に思っていた「テプコ浅草館」が五月三十日をもって閉鎖されたと聞いた。諸施設を次々と閉鎖しているのであろうと想像する。私は次の文章を掲載すべく準備していたが、掲載をとりやめようと考えたが、余りに残念なので一部を簡略化して左記に掲載する。

金杉支社時代のもう一つの思い出に、私の前任の支社長・山口昇一郎氏がはじめられ、私が引き継いで出来上がった「テプコ浅草館」というPR施設がある。浅草の伝統工芸品や浅草についての書籍文献などを蒐集展示している。出来た当初は館の名称が異なったが、後に現在の名称に改称され、展示物も増補されてきている。

この「テプコ浅草館」の名前は、浅草の市販の案内図に掲載され、名所として解説にとり上げられている場合も多い。なお、テプコというのは東京電力の英文名の頭文字を拾った略称であり、現在のテプコ浅草館というのは、後に改称された名前だが、平たくいえば東京電力浅草館という意味である。

昔の浅草の床屋さんの入口が再現されて展示されているなど、その頃のことを知らない人がご覧になっても、なつかしさを感じられるような見物し易い建物である。

ちなみに金杉支社は営業区域内に上野、浅草という二大繁華街を抱えているが、金杉という地名が時代の変化につれ、あまり使われなくなってきた。折柄、支社の土地を利用し、支社の建て替えと変電所の新設を実施することとなり、私の在任中に地元の理解を得て着工した。私はこの機会に支社の改名を意見具申してはと考え、その場合、二大繁華街の取り扱いをどうするか、両方とも重要であると頭を悩ましたが、支社工事途中で転勤となり、意見具申する立場を離れた。その後、金杉支社は上野支社に改称された。私は浅草に愛着を抱いているので、支社名に浅草は入らなかったが、「テプコ浅草館」が、由緒ある浅草の特色を世に伝える一助となっていると思い、喜んでいる。

同館の設立に当たったとき、浅草観光連盟をはじめ、地元多数のかたがたから大きなお力添えを頂き、感謝申し上げます。

(注) 以上は閉館前に記した文章で、現在は同館は存在しません。

金杉支社もう一言

金杉支社の思い出は尽きず、もう一つだけつけ加えると、私が着任して調べたところ、上野、浅草地区は、日本の電力の歴史の草創期に関係が深く、例えば、わが国初の火力発電所、初の電車、初のエレベーターなどが記録に残っている。これを地域の「お客さま」にお知らせすることは、地域の誇りともなろうし、電力会社に親しみをもって頂くことになると思い、忙しい支社の人にも助けてもらったが、主として私が執筆してパンフレットを作成した。これは地域に配ったが、社内にも若干配布したところ、小林健三郎常務から連絡があり、大層おほめの言葉があった。社内のために書いたわけではないが、私の意図を認めて頂けたのは心強かった。私はその後、他企業のこの種パンフレットを見ることがあるが、私の作品は、この種のものの走りであったようにも感じられ、電力会社のような地域密着型の企業にはふさわしいものであったと思っている。

「需用家」と呼ばず「お客さま」と

ちなみに、その頃まで社内では地域のお客さまを「需用家」と呼ぶ習慣があった。私は、これを改めるべきと考え、先輩ともご相談し、以後、支社の人に「需用家」といわず、「お客さま」と呼ぶことを徹底し、このことを社内の支店長会議で発表した。社内では今日では「お客さま」と呼ぶことが一般的になっているようだ。小さいことであるが、私は支社内で見ていて「お客さま」と呼ぶことは、お客さまを大切に思い、サービスをする気持を高めることになると思った。

全身にサービス精神の那須社長

平岩社長が会長に就任されると後任社長に那須翔氏が就任された。那須社長は総務部出身者であって法律に明るく、電気事業法が改正されることになったとき、電気事業連合会に出向し、電気事業法についての業界意見の反映などに活躍されたと聞いている。また対外活動で多忙の平岩社長を補佐して社内の仕事をしっかり守られたと聞く。社長になられても謙虚さを常に保たれ、お客さまに対してはもとより、社内の人にまで常に丁寧に接せらた聖人のようなかただった。社員の模範となるよう、お客さまを接遇する時など社長自らがお客さまに万全のサービスをするようなかただった。公益事業の社員には、いやしくも不正があってはいけないと厳しく指導されており、私が資材部という物の購買や工事業者との契約担当部所に配属された頃、「井上さん、資材部は厳しく身を律しているので大丈夫でしょうが、技術部門の人にも気をつけて頂きたいのですが、あなたの見る所大丈夫でしょうね」とご下問があり、「私は大丈夫と思いますが、気をつけるように話します」とお答えしたことがあった。

那須翔氏

万事に気を配るかたで、民営の精神と公益事業の精神を体現しているようなかただった。

大器荒木会長が民営化の仕上げ

荒木浩氏は、那須社長の会長就任に伴ない、後を継いで社長、電気事業連合会会長に就任、その後、東電会長に就任したが、経団連副会長など財界の要職に就任され、世間から注目を浴びる存在であった。

その経営は平岩会長、那須会長が推進された民営らしい電力会社づくりを更に進められ、いわば民営化の仕上げといえるのではないかと思っている。

同会長は、東京電力がふつうの会社になることを標榜され、兜町を向いて仕事をしようといわれたようだ。こういうスローガンが出てくるのも民営の精神があらわれている。また、社員との間のコミュニケーションをよくしようとして、自らパソコンを操作し、社員のパソコンから社長あてのメールが入ると自ら目を通し回答するということを始められた。

いずれも、これまでにない斬新な方針であり、私としては、一九五一年の電気事業の民営化（再編成）から、脈々と民営の精神が育ってきたものの、まだ電力会社が官僚的と思われている一面があったが、御本人自身、威のある人でありながらザックバランな人柄で、現場の人をも心服させるような人格で社内の人心をつかみ、一方でITにも明るいような新たな時代に目を向ける所をもち、また豪胆なリーダーシップをそなえており、電力会社の民営化の仕上げを着々進められ実現されたと思う。これからもさらに飛躍してますます重要な指導的地位につくものと期待を集めていた。ところが、はからずも報告もれのようなことが生じ、早目に第一線を退かれたのはまことに残念である。

日本が今強い指導者を必要としている時、このような人物が早くに第一線を離れられたのは日本のためにもまことに惜しいことと思う。

後継のトップ陣

荒木社長が会長に就任され、後任社長は企画畑出身の南直哉社長が就任された。荒木社長に続いて南社長も経理部門の経験があり、計数に明るい社長が続いているのも、電力会社の民営が板についてきたと言えるのではないか。南社長は原子力

荒木浩氏

発電についても日本人の創案である小型原子炉に理解を示し、折角の日本人のアイデアが外国にとられないように意見を述べておられると聞き、心強く思っている。南社長も荒木会長と共に早目に一線を退かれたのは残念なことだ。

南直哉氏

荒木、南両経営者のあとは、勝俣恒久会長、清水正孝社長がトップである。私は偶然だが、このお二方とも職場を共にした一時期があり、その能力、人格に触れ、立派なかたがたとして尊敬している。東京電力のＯＢの人々もこのお二人がトップであることに安心して、会社を見守ってきたと私は考えている。このお二方について私共は今後共、大きな期待を抱いていた。ただ今日現在、日本社会の中では東電批判が盛んであり、渦中の存在になっておられる。そこで本稿の執筆段階では詳細なご紹介はご遠慮し、お二人とも信頼できる有能な人格者であり、社員もＯＢも安心して頼っている存在であるとだけ申し上げておく。今日の事態が早くに改善され、東電に対する世間の見方も、信頼を回復して頂けるようになることを祈っています。

二〇一一年五月、東京電力は次期株主総会付議事項を決定、清水社長は責任をとり退陣し、後任には西澤俊夫常務が内定した。株主総会後、新布陣となる予定であるが、西澤常務は体躯堂々とした力強い印象のかたで、勝俣会長とともにこの難局を乗りこえて頂けるものと期待しています。清水社長は余りの心労、過労のため一時的に少々体調をそこねられたようだが、一日も早く完全に快復されることを心からお祈りしています。

第四章　電力の国家管理

前章で電力民営化後の現在に至るまでの歩みをご紹介したが、これから時代をさかのぼって述べると、民営化時代の前には電力の国家管理の時代があった。それは大まかに言うと昭和10年代から昭和26年までの時代だった。

営々努力の民間資産をとり上げ

昭和十二年（一九三七年）に日本と中国の間で支那事変が始まり、これを機に政府は戦時態勢固めを急ぎ、矢継早やに電力国家管理構想を進め、関係法案を帝国議会に提出した。五大電力会社を中心に電力界は国家管理に猛烈な抵抗を行なったが、軍部の意向を後楯にする内閣、官僚、議会による強権的な動きの前に、電力界は敗北を余儀なくされた。

とくに当時の監督官庁であった逓信省には軍国主義の威勢をかざす官僚の切れ者が力を発揮し、長年の民間電力会社の営々努力した資産を取り上げてしまったのであった。

軍トップに国営化を批判

当時の民営電力の人がどんな悲痛の思いを感じたことであろうか。政経社発行の『電力人風雲録・辛苦から隆盛へ（下）』（著者は電力人物取材班）によると、松永翁は東条陸軍大臣、及川海軍大臣に会った時、「大きな戦争をするために、電気事業を国営化しようと考えたんだろうが、そんなことで、日本が抱えている大問題は、解決されない。国家の運命を、もっと深く考えるべきだ」と直言した、という。

東条は怒って、松永を軍事検束すべし、との動きを見せ、軍内部では要注意の声が出てきた。友人の結城豊太郎日銀総裁や、企画院総裁の鈴木貞一陸軍中将のとりなしで、軍部を抑え、ことなきを得た経緯がある。この話も、前記政経社の『電力人風雲録』の伝えるところであるが、戦前の電力国営化は、このような軍国主義の暗い雰囲気の中で行なわれたことであった。

私は東条元首相は日本敗戦の最大の責任者であると思う。最近会った旧軍関係者は、東条は戦争をはじめたくなかったが、色々抵抗があり、できなかったと東

井上準之助氏

一万田尚登氏

条弁護論を述べた。国の最高責任者に、そのような弁解は許されないと思う。そういう弁護論を述べるのも日本人だけではないか。

井上準之助氏の金解禁の真意は軍事予算の抑制

浜口内閣の井上準之助大蔵大臣が金解禁を実施した真意は、軍事予算の膨脹をおさえることにより、日本が戦争に進むことを止めようとしたのだという。このことは『現代史を創る人々(1)』(毎日新聞社、昭和四十六年四月)の中に、中村隆英東京大学教授、伊藤隆東京都立大学教授と一万田尚登元日銀総裁の対談の形で語られている。井上準之助氏が首相であれば開戦を防げたかもしれない。首相候補として有力視されていた井上氏が暗殺されたことは日本の悲劇だった。

東条を許せないと多くの人が思うことの一つは、気に入らない人々を戦死必至の激戦地に一兵卒として送ったと伝えられていることだ。これは私情により、人を死に追いやった権力の不当行使で、遺族のかたがたのうらみには、はかりしれないものがあろう。こういう人物を決して国の責任者につけないよう国民は今後注意深い判断が必要と考える。

日本発送電の設立

話を電力に戻すと、昭和十三年に日本発送電株式会社法が成立、昭和十四年四月一日、日本発送電が設立された。初代総裁には増田次郎大同電力社長が選ばれた。

日本発送電会社（日発）設立に当り、五大電力の一つである大同電力（福澤桃介氏の会社）は解散して日本発送電会社に合体した。大同電力は卸売を主体とする電力会社である。日発ができた時、既設の水力発電設備は日発への出資対象とならず在来の電気事業者に残存したが、火力発電設備は出資させられ、水火力の両方を上手に併用する経済的設備運用ができなくなった。さらに主要な送変電設備も出資させられたため、大同電力は電気事業者としての経営は困難になると予想された。また同社は多額の負債をかかえていた。

このため大同電力は昭和十三年十二月、日発へ合体した。日発は発足当初、既設水力発電設備を所有しないこととしていたが、この大同電力の捨て身の決断により、大同電力がもっていた水力発電設備の所有会社となった。日発の初代総裁に増田大同電力社長が就任したことは、大同電力の捨て身の合同と関係ありと述べている文献を見た記憶がある。

第二代総裁には、日本電力の池尾芳蔵社長、三代目は東京電燈の新井章治社長が就任した。小林一三東京電燈社長は、昭和十五年七月、第二次近衛内閣の商工大臣に就任した。

日発の特色は次の通り。

(イ)、日発は、重要事項はすべて政府が決定命令し、経営権は政府にあるので、経営の自主権はなかった。設備の建設又は変更の計画、電気料金その他の重要事項は主務大臣の命令による。定款の変更、利益金の処分等も主務大臣。

(ロ)、日発は既設水力発電所の「発生電力」のほとんどを買上げ、自社所有の火力発電と合せ、自社所有の送電設備を使い、配電会社に供給。

以上の通り、発電と送電をおさえているが、政府にがんじがらめの会社だった。発足早々の日発に批判の声が高まった。

⑴日発という国家管理機構が、民間電力から水力電気を買い、これを自社の火力と合せ、ふたたび民間の配電会社へ供給するという三段構え。

⑵電気庁と日発という二重機構。

⑶火力発電に使う石炭確保対策が万全でなかった。

第二次電力国策

この批判に対し、昭和十五年、近衛内閣は第二次電力国策を決定した。

⑴発送電管理の強化

(イ)従来対象外だった既設水力も日発に出資させる。

(ロ)従来対象外の四万V—一〇万Vの送電線も出資させる。

⑵配電管理の実施

配電を管理するため全国を数地区に分けて各地区の全配電事業を統合して新た

に特殊の会社を設立することになった。

国家総動員法にもとづく「配電統制令」が昭和十六年八月に公布され、全国九地域に昭和十七年四月一日、地域名を名前につけた配電会社が発足した。関東地区には関東配電株式会社が設立された。当初計画では八配電会社が設立される予定であったが、北陸地域が独立を強く主張したため、北陸配電が設立され、中部配電は北陸地区を除く供給地域と定められ、九配電会社の体制となった。

配電会社も供給料金等は逓信大臣決定、事業計画、定款変更、利益金処分等の大臣認可事項となった。

憲兵隊の取調べ

配電会社発足の初期の頃、憲兵隊の取調べがあったことについて前記『電力人風雲録』は次のように述べている。（抜すい）

後の東京電力社長木川田一隆氏は、その頃秘書課長に任命された。間もなく、木川田氏は、憲兵隊に呼び出された。木川田には、全く心当りはなかった。日時場所を定めて、一方的に召喚状を突きつけられるので、家族でもびっくりするような大げさなものであった。

「憲兵」というのは、敗戦まで存在した日本の軍隊の中の一組織であった。旧陸軍では陸軍大臣に属し、陸海軍の軍事警察および軍隊に関する行政警察、司法警察も司った。のち次第に権限を拡大し、思想弾圧および国民生活全般をも監視するようになった。

もう一つ敗戦まで特別高等警察（特高）という組織があって旧内務省直轄で、社会運動などの弾圧に当った（広辞苑による）。日本の敗戦までは、この両組織が国民の思想を弾圧し、暗い時代であった。

出掛けて聞いてみると、東京電燈時代の前社長小林一三氏にからむ「スパイ容疑」ということだった。

東京電燈時代、戦争が激しくなり、東京から会社を疎開させる場合、どこが良いのか、適地を探したことがある。注目していたのは、○○県の○○である。この地区は、内々に海軍が移転先として、内部機密事項扱いで作業を進めていた。そこを、小林一三の命を受け、木川田は内々に調査していたのだ。

結果的には、何も出てこないし、憲兵隊も始末に困ったらしい。ただ、この事件を通じて分かったのは、東京電燈社長から商工大臣となり、この憲兵隊が動き出した頃は、辞任して野に下っていた小林一三氏が、軍部に疑われ、いつも行動を監視されていたという事実だった。

では一体、商工大臣まで務めた人物を何故、憲兵隊が疑ったのか、といえば、第二次近衛内閣商工大臣として入閣した際、商工省の次官であった岸信介氏と、ことごとく衝突、最後は、岸の任期を短かくし、追い出してしまった経緯があった。岸信介は、商工次官として日本へ戻ってくるまでは、旧満州国実業部次長であり、在外官僚としては、異才を謳われていた。

近衛首相は商工大臣を選ぶ時、初めは岸を大臣に格上げしようと考え、本人に打診した。岸はこの時局は、国家総動員の時代、経済人の中から大物を、と自分は黒衣に徹すると答えた。

そこで近衛は、三井の池田成彬氏に相談した結果、小林が推されたものである。

小林一三氏が商工大臣に

こうして、小林商工大臣が決まったが、岸は自分が降りて、小林を大臣にしたのだから、小林が、僕は昔から役人は嫌いだ、ケンカは強いんだ、岸より強いよ、などと公然といっているなどの噂を聞いて、腹に据えかねていた。岸の次官職を追放したあと、南米資源国の視察に出た。この留守中に、岸は国会議員を使い、小林は、アカの傾向があるとかなど暴露戦術に出た。

こんなことがあり、木川田は、そのとばっちりを受けたようである。

以上は『電力人風雲録』からの抜き書きであるが、戦時中は、こういうことも起こり得る時代であった、ということであろう。

偉大な人河合栄治郎氏

木川田元東電社長は、学生時代、河合栄治郎教授に学び、後々まで尊敬していたが、河合教授は、当時の日本を憂え、国民の生命を守り、財産を保全すべき軍人が、そのために与えられた武器をもって、国民を暴力で従わせようとしている。一部軍人の意志を、無理やりに国民全体の意志とさせようとするのは、恐るべきファシズムの本性なのである、と厳しく批判した。河合教授は中国視察から帰国し財界人の前で演説し、日本はこんなことをやっていては、朝鮮、台湾、樺太、満州国のすべてを失うことになろうと述べ、出席者を驚倒させたという。この予言は完全に的中したが、当時は本当に命をかけた発言であった。最近の政治家が、軽々しく命をかけてと発言することがあるが、それとはくらべものにならない本当に命をかけた言葉であった。

河合栄治郎氏

河合教授は著書の発禁処分、教授の免職処分を受け、起訴され有罪となった。敗戦直前に急死し、戦後健在であれば、日本のため大活躍したことだろうと惜しまれる。本当に戦争中は、軍国主義者がすぐれた日本人を弾圧するいやな時代であった。

河合氏は惜しくも亡くなられたが、私の学生時代には私も多くの友人たちと共に同氏の著書を愛読したので、その影響は長く伝わったことと思う。

河合教授の著書を共に読んだのは、寮生活で同室だった六人の友であった。長期間に渡り、若い男友達が起居を共にしたので、思い出は深い。五十音順に述べると五十嵐一太郎君は最近逝去したが、大変な秀才で読書家、フランス語のクラスだったので寮の部屋で、しばしばフランス語を口ずさんでいた。トーメン時代、外国に駐在、三国間貿易をいち早く手がけたと聞く。澤木敬郎君は江戸っ子で頭も口も回転が早く、情に厚く、同室の仲間のまとめ役だった。立教大学教授となり、今日の日本に重要な外国私法で業績を残し、学者だけでない、幅広い活動力の持ち主で、将来を大きく期待されたのに早逝して残念だ。篠原忠良君は、当時から落着いて年長者のような風格があり、大蔵省にはいったが、カナダに駐在した頃から外国通となり、いち早くインドとブラジルに着目し、今日のＢＲＩＣＳの時代を予言していたが、数年前逝去し淋しい。西村通洋君は頭の切れる人で演説上手だったがロマンチックな心情の持ち主で、美声を活かし、クラシックのアリアなどをよく歌った。後に東京電力に入社したので、私は色々教えて貰うことが多かった。久水宏之君は頭脳明晰で、九州男児らしく内に情熱を秘めた人で、当時から挙措に威厳のある人だった。作曲家ヴェルディの名歌「プロヴァンスの海と陸」は寮で久水君から習った。興銀常務となり、現在は経済評論家であるが、同君主宰の日本の将来を考える会で教えを受けている。

戦争末期の広島―東京間の通信線は電力のみが保有

戦時中の電力会社の実情を進藤武左エ門氏（後の日発副総裁、資源庁長官など）の著書『随意随作』（朝日書院刊）より以下に抜き書きして紹介したい。

昭和二十年八月十五日を境として、二千六百年の間わが日本民族によって培われてきた国の秩序は、根本から変ってしまった。敗戦を終戦と言い、占領軍を進駐軍とよんでみても、自分を慰めこそすれ、無条件降伏と占領という事実には、何の影響もない。占領政策は容赦なく実施され、国民は唯々諾々として、命のままになるより仕方がなかった。

当時私は日本発送電の工務部長の職にあって、わが国の主要発送電施設を管掌していたが、昭和十九年後半になって、戦局はますます苛烈となり、すでに敗戦の色が見えはじめた。

昭和二十年の初め、ドイツの水力発電所のダムが米軍の空中魚雷によって破壊されたとの情報を手にしてろうばいした海軍は、大井発電所のダムに魚雷網を取り付けよという命令を発した。その魚雷網たるや親指大の鉄線を編んで作った重量数百トンのもので、運ぼうにも方法がなく（中略）結局、無謀な命令であることを軍も了解し、取り消しとなった。

八月六日の朝、出社するとすぐ広島支店から電話で「火薬庫爆発、死者無数」という重大報告を受け取った。直ちに総裁に報告するとともに、陸軍当局にもその旨連絡した。ところが、陸軍当局はこれを信ぜずデマをとばすなと逆にしかられる始末。当時、広島―東京間の通信線はすべて途絶し、わずかに日発の保安通信電話のみ無事だったのである。そのうち午後四時頃になって、やっと陸軍から改めて「新型爆弾の一種が投下されたらしいので今後の情報連絡を頼む」と言ってきた。――以上は原爆投下の日のあわただしい一コマである。

右記は進藤氏の著書からの引用であるが、もう一つ原爆投下のすぐあと、広島の現地にいた、ある配電会社の重役は、これは原子爆弾だと見抜いたといわれており、すぐれた技術水準を維持することは、国家の安全保障上も大切であることを示す例であると思う。

第五章　自由競争と自主協調の時代

前章で電力国家管理の時代について述べたが、第5章では、それ以前の時代にさかのぼって電力の歴史を述べる。とは言っても明治は余りに遠いし、第二章で簡単に述べたので、ここでは大正、昭和の電力史について述べる。

暗い国家管理時代の前、大正末期から昭和の初期にかけて、電力は自由競争の時代であった。現在の民営電力時代とくらべても、戦時中の国家管理時代とくらべても比較にならない程、自由と創意による競争時代であっただけに、登場人物も個性にあふれた戦国の英雄のような人物であったと伝えられる。

それだけに電気事業も大いに発達したが、余りに競争が激しかったため、各社の投資が重複し、各社の経営基盤への影響も懸念され、とくに多額の貸付けを競争して実施した金融機関が、その債権確保を心配して仲介に入ったところから、自由競争の覇者《はしゃ》五大電力を中心として、昭和七年、「電力連盟」という自主統制団体が結成された。「電力連盟」による自主協調は、民営競争の体験者同志の協調であり、順調に進むかとみられるうち、昭和十年頃からの軍国主義の台頭により、電力国営化によって、民営そのものに終止符をうたれることになった。

戦前には私は電力会社に勤務していないので、生き証人ではなく、その時代を記述する資格はないと考えていた。しかし私の伝聞や読書の中から、記憶をたどってご紹介することとしたい。とは云っても長い電力生活の中では多くの先輩から教えられたことや、多数の文献から学んだことが多いので、そのごく一部分だけをお伝えすることでお許し頂きたい。

日本の電気事業の歴史は明治時代にはじまり、当時発展途上国だったにもかかわらず、電気供給の開始は早く、先進国にわずかにおくれただけで、新興国日本の心意気があらわれている。

明治の幕開けから民間の事業者が政府の許可を得て開業する例が多く、地方公共団体などが電気供給業を営む例もあった。

日本の現行体制

その頃とくらべるため、現行の日本のあり方を見ると、地域別の電力会社（松永翁の民営化で発足した時は、北海道、東北、東京、中部、北陸、関西、中国、四国、九州の九電力会社、その後沖縄が加わり十電力会社）が、その地域の一般のお客様に電気を販売している。これが現在の電力供給者であり、これは電力の小売業である。このほかに一部の会社が発電事業を営んでいる。電源開発、日本原子力発電、その他に常磐共同火力、鹿島共同火力などで、その発電した電気を十電力会社に売っている。これら発電会社は電力の卸売業である。

以上のような現在の形になったのは、昭和二十六年（一九五一年）の松永翁主導の電力再編成以来のことである。最近では電力の自由化という考え方が出てきて、電力の小売業について、現行の各地域一社独占供給の形に対し、新規希望者の参加を認める流れが生じているが、話が煩雑になるので、ここでは省略する。

当初の事業許可基準は政治的

さて明治時代にスタートした電気事業は政府の許可を得て営業したが、当時は現在とくらべて明確な基準が確立されておらず、政府の許可は政治的理由とか個人的なつながりによる場合もあったようで、先ずその段階で競争があり、次いで供給設備の優劣、サービスの優劣（供給の安定性、料金水準）による、お客様獲得競争が激しく戦われた。

また当時の電力会社は、現在のような発送配電一貫の、発電からお客様のお手もとまでお届けする形ではなく、次のように業態の異なる会社が並立していた。大別すると現行と同じ発電からお客様供給（小売）までやる会社と、発電した電気を小売会社に売る（卸売）ことを主とする会社とがあったが、これらの間で複雑な競争があり、弱肉強食の争いのあと五つの電力会社が大会社として生き残った。それを五大電力会社といい、東京電燈、東邦電力、大同電力、日本電力、宇治川電気の五社であった。

大、中、小の電力会社間の激しい競争のあと、五大電力が台頭し、五社間の競争が一段と激化し、これが大正中期以降、昭和初期まで続いた。

東京地区の競争

とくに目立った動きとしては、東京地区は東京電燈が圧倒的で、東京地区の小売は東京電燈の独占状態であったが、名古屋以西の各地に供給していた東邦電力は東京進出を計画し、同社の別会社東京電力（現在の東京電力と同名の違う会社）を設立し、東京地区の小売を開始した。

その方法は、東京地区内に供給権を取得済みの一部会社を吸収合併して、その権利のある地域に送配電などの設備を急遽敷設して供給を開始したのである。許可を得ている地域では、一階に東京電燈が電気を送ると、同じ家の二階には東京電力（東邦の子会社）が電気を送るといった大混乱となった。東京電燈は、お客の一部を奪われ、お客の減少を防ぐための出費もかさみ、東邦電力に対抗するため、東邦のお膝元の名古屋地区に電力供給許可を取得し、名古屋への進出を計画し、正面衝突となった。

自由競争の仲裁者に小泉元総理の祖父も

東京電燈、東邦電力と子会社東京電力は借金が増大し、収支も悪化した。それにつれてこれら電力会社に多額の貸付けをしていた金融界は、その借金の元利回収が心配となり、電力界の立て直しのため電力界の説得に乗り出した。説得者の中心は金融界であったが、当時電力事業の監督官庁であった逓信省《ていしん》（現在は経済産業省）も関心を示し、電力界に対し発言した由で、その話の中に浜口内閣の逓信大臣であった小泉又次郎氏（最近の小泉純一郎元総理の祖父）の名前も登場するのも興味深い（駒村雄三郎氏著『電力戦回顧』電力新報社発行より）。

当時の東京電燈は、社長の若尾璋八氏は甲州財閥出身の実力者であったが、その時の最有力政党「政友会」の重要人物で、一身で大会社経営と政治の要職を兼ねていたので、銀行団の関心は、東京電燈の体制強化に重点がおかれた。

銀行団側の中心となったのは、当時の金融界の重鎮である池田成彬氏（三井銀行）、各務鎌吉氏（三菱銀行、東京海上）、結城豊太郎氏（日本興業銀行）などであった。

これら銀行団との協議の結果、東京電燈の体制として、執行機関は若尾社長が主宰し、議決機関として取締役会長に財界で大きな声望をもつ郷誠之助男爵を迎える。さらに関西で今太閤の異名をもつ小林一三氏を重役に迎えるという強化策がまとまり、実施された。

結城豊太郎氏

執行部入りした小林一三氏は大幅な人員整理をはじめ徹底した経営合理化を推進し、郷会長の信任を得て社長に就任し、東京電燈の再建に成功したといわれる。小林一三氏は関西で阪急社長として私鉄経営に次々と新機軸を打ち出し、私鉄経営の延長線上に、宝塚歌劇というエンタテインメントの創始者としても名高い。小林一三氏の人柄は、前記駒村雄三郎氏著『電力戦回顧』を読むと、私が他の文献では発見しなかった興味ある記述があるので、この後でご紹介する。

第二次大戦前の民営電力時代の末期は、電力連盟による自主統制によって比較的平穏に推移したともいえるが、外債をかかえる各社は元利払いの負担増による苦しい時代であった。

その後、満洲事変が起こり、陸軍を中心とする軍部、革新官僚による日本の戦時体制化が進み、電力会社は電力国営化に抵抗したが、敗北した。

昭和十四年（一九三九年）に発送電事業について全国一社の国家管理の日本発送電（日発）が設立された。続いて昭和十七年（一九四二年）に配電事業について全国を九地域に分けて国家管理の配電会社が設立された。

五大電力はいずれも解散し、戦前の電力民営体制は消滅した。その後の国家管理時代の思い出も今や昔のこととなったが、その以前の電力自由競争時代の思い出は、なおさら知る人もないことであり、この小文が僅かでもその時代のことをお伝えできれば幸である。

電力連盟の結成

昭和六年（一九三一年）、犬養内閣によって金輸出再禁止が実施され、為替相場が暴落し、外債の元利払いで五大電力は苦境に立った。これを受け、昭和七年四月、五大電力会社は「電力連盟」を結成した。その内容は、五大電力が、電力連盟をつくり、連盟各社は既契約需要家を尊重し競争を避け、二重設備をなさざること。――をはじめ、当時の現有勢力を基礎とするという考え方であった。

小林一三氏、福澤桃介氏の面影

小林一三氏

駒村雄三郎氏の『電力戦回顧』は小林一三氏の記憶を記す。

著者の駒村氏は、昭和十年のこと、ある件で小林氏の宴席に招待された。その時、小林氏は宴席に呼んだ芸者が遅刻したので怒った。それに対し芸者たちは「お化粧してお座敷へ上ると、どう急いでもこの時間になります。御師匠さん（髪結い師）の時間がひまがかかるんですもの……」と反論したという。

小林氏は、このことで金儲けを思いつき、大成功したという。有楽町の日本劇場四、五階を改装し、何十台という髪洗い設備を取りつけ、従業員に制服をあたえ、洗う者、梳《す》く者、結う者と分業し、五階へ上がれば入浴設備、湯上がりのお茶サービスという段取りで、チップ不要というやり方で大好評を得、芸者さんだけでなく、奥さん娘さんにも人気であったという。以上は小林氏のほんの一面であるが、今太閤と仰がれた同氏のアイデアとそれを生かす企画力、実行力を示す好例と思い、ご紹介した。

以上は東京電燈と東邦電力の間の競争の例をあげたが、このほかにも数多くの激しい競争の例があり、前述の駒村氏著『電力戦回顧』には多くの興味ある実例が紹介されている。著者は当時の電力界の要人に顔が広く、当時の電力戦の中の立役者が、あたかも顔前にあるが如く、その言動が述べられているので殊更に興味をひかれるが、紙面がないので、割愛する。同書によると当時の電力人は自由競争の中で活躍しただけ個性に富み、戦国時代の英雄のように描かれている。

大同電力は発電主体の卸売中心の会社であったが、その創業者的存在の福澤桃介氏は、政財界に名高い名士だった。慶應義塾の創始者福澤諭吉先生の養子であり、大同電力経営者として多くの水力発電所を建設し、電力王と呼ばれた。松永翁の先輩筋。若い時に縁のあった川上貞奴（さだやっこ）と晩年に再会したことでも有名で、貞奴は夫の川上音二郎に同行して欧米の舞台で熱狂的に歓迎され、王侯貴族も観劇、芸術家にも高く評価され大彫刻家のロダンがモデルに強く望んだという伝説の女優である。現在、名古屋市にその記念館が残されている。

福澤桃介氏の人柄について前記『電力戦回顧』の中で著者駒村雄三郎氏は、同氏が桃介氏と会見したことを紹介している。テレビのできる前のことで、桃介氏は当日のラジオのニュースを聴きながら政府はラジオで広告を許すのか、と述べた。当時は民放がなく、ラジオも公営のみであった。桃介氏はいう。

福澤桃介氏

「日本の外国替為銀行は、横浜正金銀行（戦後、改組され、現在は合併して三菱東京ＵＦＪ銀行となっている）だろう。だったら為替相場を知らせるのに、レプセッテット・バイ・ザ・ミツイバンクということがあるか。あれは、レプセッテット・バイ・ザ・ヨコハマスペイシイバンクでなければならん。政府が先きに立って、（三井銀行、三井銀行）と宣伝するから（中略）あした逓信省に捻じ込んでやるから君も一緒に行き給え」以上の福澤桃介氏の発言で、横浜正金銀行の広告はかまわないというのは、同行は国営の為替専門銀行だったからである。

そして桃介氏は翌朝、駒村氏を伴ない逓信省に乗りこみ、大臣は不在のため局長に抗議し、暫らくたって、為替相場は、正金銀行立てと放送することに変わったという。これは桃介氏が財界を引退したあとのことというが、当時の財界人は、役所に対してもこのような言動をしていたのかと思わせる話である。

このほかに東京電燈の郷誠之助男爵、日本電力の池尾芳蔵社長、大同電力の福澤桃介氏の後継者増田次郎社長、宇治川電気の林安繁社長など五大電力時代の電力界は千両役者ぞろいであったと伝えられ、日本という国は人材の豊かな国だとの思いを深くするのである。

なお上記に駒村雄三郎氏のご著書を引用させて頂いたが、これについては、同氏のご令息駒村秀明氏のご好意にお礼を申します。

第六章　大正昭和の政治社会情勢

本書は電力事業の歴史を読んで頂く目的で執筆しているが、電力事業の推移を述べていると、背後の政治社会情勢の影響というものが無視できないことが感ぜられる。

政治社会情勢について詳しく述べる余裕はないが、大正昭和時代についての私流の簡単な記述をさせて頂く。

大正デモクラシーとは何か

自由競争から国家管理の時代との関連で政治社会情勢を語るとすれば大正時代までさかのぼりたい。

日本の歴史の見方として、明治の日本は良かったが、大正・昭和は、それにくらべて暗い時代だったといわれることが多い。私はちょっと違った考えをもっている。

明治時代は西欧文明の吸収に大成果を上げ大国の一員といわれるまでになり、世界を驚かせた。日清、日露の両戦役に勝利し、アジアをはじめ、世界の中で植民地となっている国の国民を奮起させたのであり、日本人が明治はよかったと思うのも無理からぬことである。

大正・昭和は、明治に受け入れた西欧文明を日本伝来の文明と融合するという良い方向に進み出したと私は見る。大正デモクラシーという言葉は、このことを表わしていると思う。大正デモクラシーという言葉を二つにわけてみると、後半分のデモクラシーは欧米からの輸入品。前半の大正という字句は、それの日本版という意味である。これが順調に育てば、日本は東西文明を融合した、人類の模範となる国家になっている可能性があったと思う。

軍国主義で摘まれた大正デモクラシーの芽

ところが第一次世界大戦終了后、日本経済に不況が訪れ、東北の農村では娘を人身売買しなければ生きていけないような苦境に陥った。大正はじめ頃から軍隊の社会的地位が低下したこともあり、軍人とくに青年将校や若い兵士の中に、当時の日本の支配階級に対する不満が高まった。これに左右両翼の過激派の意見も合流して、体制に対する過激思想が日本国内で急速に高まり、大正デモクラシーの良い芽は急速に摘まれて行ったのである。惜しいことであった。

軍事予算膨脹から戦争への道

昭和に入ると、日本軍の軍備拡張意欲が強まり、軍事予算が膨張の一途を辿ると共に、中国東北部（満州）における支配者張作霖を日本軍人が爆殺したといわれる事件に続いて、満州に日本軍が侵攻して占領し、さらに中国本土へ侵攻した。これら軍隊の軍事行動は、当時日本を統治した天皇および日本国民に対して、真の意味における理解と承認を得ず、軍隊の独断専行で行われたといってよく、軍隊および軍隊の仲間の軍国主義者は、反対勢力の有力者を多数暗殺する行動に出て、日本の将来のために必要な人材を殺害し、また暗殺で脅やかして有為な人材の活動を抑えた。

ここでは、ただ事実を書いただけだが、軍隊および軍国主義者がどういうことをしてきたかは、日本の皆様に、しっかりと記憶して頂きたいと思う。天皇陛下の内閣の首相や大臣が、五・一五事件とか二・二六事件で殺害され、天皇は激怒されたという。これらの事件は、主として青年将校が指揮して行われたとされ、軍の首脳は表に出ていないが、背後にあって黙認、使嗾《しそう》していた者が多いようで、定義はともかく、私は軍によるクーデターだと思う。昭和天皇は理性的な天皇であり、憲法を忠実にまもるかただったと伝えられ、一般の国民は今の時代とくらべ上中流とか労農階級といった階層に分かれていたが、西欧化と日本文化が融合した流れは昭和初期まで健全に受継がれていたが、その一方で軍国主義の暗い流れが日本をむしばんだ。

西園寺公が天皇の臣の暗殺を嘆く

私の学校時代の友人、小林俊二氏はインド、パキスタン、バングラデシュ駐在大使を歴任した貴重な経歴の持ち主であるが、『対米開戦の原因』（南窓社刊）という著書を出版、その中で昭和の政治に大きく関わった西園寺公望（さいおんじ・きんもち）公爵の注目すべき発言をとり上げているので、以下に紹介する。

西園寺公爵

有力な政治家が皆殺されて、側近に人がいなくなってしまった昭和天皇の不幸を嘆き、西園寺は涙を流したが、西園寺が「有力な政治家」としてその死を惜しんだのは原敬、浜口雄幸、井上準之助、犬養毅であった。西園寺の目から見ても政権を託すに足りる政治家が輩出していた時期もあったのである。従って日本に強力な政治指導者を生み出す風土が欠如していたわけではない。

以上は小林俊二氏の著書からの引用である。戦前の日本では総理は今日のように国会で選ばれるのでなく、明治維新に大きな功績のあった人たちが元勲と呼ばれ、天皇に次期総理を推せんしてきた。その最後は、生き残った西園寺公爵が唯一人、推せんする立場にあり、政治に最も大きな影響力のある存在だった。

この人が右記のような発言をしたということは、西園寺公爵が高齢になっても日本の将来を見通す目があったことを示すもので、心強いと思うが、公爵もその後逝去し、公爵の心配も生かされず、軍人または軍人のめがねにかなう総理が続き、日本は破局に導かれたのであった。

開戦を防ぐ目的での金解禁

右記のうち井上準之助氏は、総理の座に非常に近いと目されていたが、日本にとって誠に残念なことに昭和七年に暗殺された。井上準之助大蔵大臣は私と同姓であるが、親戚ではない。しかし私の縁のある一万田尚登が若年時代、末輩として直接お仕えして、次のような井上氏の発言を聞いたという。

もしも俺がここで金本位を放棄して、管理通貨にすることになれば、軍を抑えることは絶対に不可能じゃないか。管理通貨なら（中略）軍の要請にどんどんこたえていけば、軍が最高の権力を握ることになってしまう。

それで、金本位を守っておれば、そんなに通貨の膨張ということは許し得ないんだ。もう機構としてそうなっておるんだということで、充分抑えられる。

以上は中村隆英東大教授の著書で紹介されており、浜口雄幸内閣大蔵大臣時代の発言と思われるが、当時の軍の勢力下で、この発言を対外的に行うことはできなかったので、側近の若輩の私の岳父に話したものと思われる。恐らく井上氏は浜口首相には、この趣旨を伝え、同感を得ていたのではないか。

井上準之助氏は揮毫を頼まれると「遠図」と記したという。遠い将来を見通し、おもんぱかるという意味であろう。私の仮説は、もし井上準之助氏が暗殺されず、総理に就任していれば開戦阻止に全力を捧げたことは間違いない。そうであれば、日米開戦を防ぐことができたのではないだろうか。

そうならば、戦時中の日本人の戦闘員、非戦闘員の大量死も防がれ、敗戦の結果の占領軍による日本文明、日本文化の破壊も防ぐことができたのではないか。

戦前、戦中にかける軍部の指導者、それに追随した軍国主義者の責任は重く、日本国民は、このような人たちの再来を防ぎ、日本に再び戦争の惨禍を招かないよう細心の注意を払うべきである。

愛知一中生の全員予科練応募

結局、日本は残念なことに支那事変に続き第二次大戦を戦うことになってしまった。第二次大戦を日本は大東亜戦争と呼び、敵側の米国は太平洋戦争と呼んだ。

戦争中の出来事を記すと限りがないが、私の直接体験の一つはちょっと珍しい話だと思うのでご紹介する。この事件については、去る二〇一〇年十一月七日、ＮＨＫ総合テレビで放映された。ＮＨＫスペシャルの再放送でドラマ「15歳の志

願兵　引き裂かれた家族、夢、友情」である。私は昭和十八年、愛知県立第一中学校、通称愛知一中に入学した。名古屋では上級学校への進学率の高い優良校といわれた。現在は旭丘高校。

入学して間もない頃、事件は起こった。当時日本は対米戦争で緒戦の頃の優勢は失なわれ、太平洋各地で米軍に追いつめられていた。私共は必ずしもその事実を認識していなかったが……。

海軍は飛行機操縦士（パイロット）が不足し、その補充、増強をはかるため、甲種飛行予科練習生（予科練）の大募集をはじめた。これは十五歳以降くらいが対象で、卒業すると下士官となり、飛行機を操縦して戦争に参加するもので、戦死の率は非常に高いといわれた。これに対し愛知一中の中でも募集の掲示が出されたが、応募者は非常に少なかった。

当時、中学校には配属将校という名で、軍人が派遣され、生徒の軍事教練に当っていた。詳細は不明だが、この配属将校が、愛知一中の校長に大圧力をかけ、校長は部下の教員を説得し、生徒を説得した結果、適齢期の三年生以上に生徒大会を開かせ、生徒全員が自主的に予科練に応募する旨の決議を行った。

そのあとの部分はＮＨＫドラマによると、生徒大会で予科練応募を決めて帰宅した生徒たちは、家族との間で難問に出合う。多くの家族は、家族の将来をになう子供たちを十五歳くらいで失なうリスクにふるえ上がる。また生徒たちは自分の将来の夢を突如たちきられることに悩む。さらに友人との別れに悩む。

この部分は取材もしたであろうが、作者の想像の部分もあるであろう。その中に、愛知一中には色々な将来性、適性を持った人材がいるのに、何故全員をパイロットに応募させるのか、軍人になるにしても、もう少し待てば、陸軍にも海軍にも陸軍幼年学校、海軍兵学校のように上級学校もあるのに——など、私も疑問を持った事項が含まれていた。

私はこの問題を戦後も考えていたが、ＮＨＫを通じて広く知られるようになって、よかったと思う。当時の校長はその後どうなったのか知らないが、私は戦争協力に強くかたより自校の教育上の役割を深く考えなかったと思われるこのような校長が今後出現しないよう望む者である。

帰国兵士に聞いた日本軍の軍紀

中学の二年生になると私共は戦争協力のため工場に動員された。私は旋盤工をしていたが、私の配属された職場には、戦地から傷病のため日本に送還された帰国兵士がいた。彼等は二人いたが、私共中学生に夜勤の休憩時間に語った。中国の戦地において戦闘員が非戦闘員かわからぬが中国人の若い女性を着衣なしで虐殺したことを無感動または、私共を子供と侮ってほらをふくかのように話した。私共は侮辱されているように感じた。休み時間の帰還兵の一方的な話で真偽の程はわからないが、私は明治時代の頃、日本の軍隊が軍紀が厳正で、世界から称賛されていたのに、昭和の日本の軍隊は国内を支配し、聖戦と称しながら一部に軍紀が乱れているのではないかと、聞いていて心苦しかった。

以上の経験から言いたいことは、私は日本は安全保障には自国を守るため真剣に取り組むべきだが、二度と戦争を起こさないよう強い決意を持つことと、侵略した国や人々に深甚の反省の意を抱くべきであると思っている。南京事件などの被害者数が誇大表示されていることを事実に基づいて明確にする努力は必要だろうが、日本が軍隊を侵入させた地域の人々に迷惑をかけたことは否定することはできないと思う。

中国本土に侵攻する支那事変のきっかけとなった盧溝橋（ろこうきょう）の発砲事件も、最近の研究では中国側の挑発であったという見解も出ているので、歴史の検証も必要であるということも述べておきたい。

一方で、アメリカが原子爆弾を落としたことは日本人に対し、人類に対し大きな責任を負っている。アメリカ人は勝者であったため、責められることが少ないが、自省はすべきだろう。

もう一つ、軍部の戦時中の軍紀等は日本人の道徳美風に影響し、戦後、日本にほとんど階級格差がなくなった時、中流、労農両階級ともに過去の伝統を喪失し、新しい規準をもつくり得なかったと思われるのは遺憾である。

日本の教育をどうするか

私共の中学時代は、以上で述べたように、工場に動員されるなど、勉強の面では前後の年次の人と比べ不充分であったと思う。しかしいまだに同年次のクラス会を熱心に開いており、仲間意識が強く、皆が親切で仲良しである。これは若い時に工場などで共に苦労し、普通の中学生のように教室だけのつきあいでなかったのが、よかったのではないかと思う。

私は自分の経験から日本人の若い人には、学生時代の頃に社会経験の機会を与えるとよいと考え、折ある毎にお話している。著名な文学者でオピニオン・リーダーである曾野綾子氏も政府の審議会等で主張しておられると聞くが、色々の意味で是非実現してほしい。

日本の教育は、戦後、教育者の待遇問題が重視され、戦前の教育のすぐれた面が減少したように感ぜられるが、これは日本の将来のため由々しいことで、是非早急に教育問題の見直しをすべきだ。

私は老後になってご交誼を頂いているかたがたの中に尊敬すべき人々が多く、これは戦前の教育のよさの故であると思うので、ご披露したい。私は右記のように若年時の勉強不足を補う気持もあり、ある団体で外交等について勉強会に入っている。たまたま慶應義塾出身者とお知り合いになったが、皆さん学識に富み勉強熱心で啓発されることが多い。外交で今泉さん、佐竹さん、佐渡さん、杉山さん、羽深さん、山本さん、市川さん、歴史について横倉さん、中国問題では小池さんなど学者のような智識の持主で敬服するが、これはやはり学校の教育方針がすぐれていたからであろうと私は感じている。

戦後の日本の教育は、教育者の待遇問題にかまけると共に、徹底して平等を重視した。私は機会均等は、きわめて重要な原則と思うが、人間には能力、資質、適性などに差異が大きく、それぞれの人々が向き向きに応じて人生を有意義に生きることが大切と思う。地球上をかくも多くの人類が生存する現在、すぐれたリーダーの存在は非常に重要であり、これの育成、発見は人類の死活にかかわる。したがって戦後の風潮のようにエリート教育を忌避、排撃してはならない。福澤先生の起された慶應義塾は、すぐれたエリート養成機関であり、今日すぐれた指導層を生んでいる。これに限らず、すぐれたエリート養成機関の整備充実を是非共推進すべきであると思う。

電力の歴史はどう影響を受けたか

電力の歴史が以上に述べたような政治社会情勢からどういう影響を受けたかを

短かい紙面で記すことは難かしいが、自由の精神が昂揚した活力ある自由競争の時代と自主的な協調時代が国営に変ったことは、ここで述べた政治経済情勢の変化とまさしく対応しているといってよいが、国家管理に反対し完全引退した松永翁の決断は時代に対抗する民主的な考え方を明確に示した電気事業の名誉といえよう。さらに戦後の社会史で日本文化のよい伝統が消えようとする時、菅会長が男は火吹竹を吹くなと述べたのも、日本文化を忘れるなというすぐれた警世の一言であったと思う。最後に何といっても大正昭和以来の長い時期に、日本が軍国主義によって道をあやまられようとする中にあって、大震災の災害の中で遠い将来にわたる電力のあり方、エネルギーのあり方をはっきり画がき、それを何十年後の電力民営化の中で、そのまま実現し、日本の一等国化につなげてしまった松永安左エ門翁は日本に誇るべき電力の歴史を築き上げた人物として永久に語り伝えたいものと思う。

第七章　大震災についての私の個人意見

前月号の原稿を書き終わり、政経社編集部に届けたあとで、東日本の大地震が起こった。電力の歴史を連載しているのだから、大地震に触れることを考えたが前月号に間に合わなかったので、今月号で若干触れさせて頂く。

東京電力に勤務していた私は約二十年も前に退職しており、その後、数年子会社勤務をしたが、それも退職したので、もう十年以上、同社とは直接関係していない。その間に世代交替が進んで、今の東京電力には知っている人が少なくなった。

今回の地震のあとは、修理に全力を注いでいる同社を、私のような隠居した老人が邪魔をしてはいけないと考え、情報を聞くようなことは一切していない。それだから、私は何ら特別の情報を持っていない。

主としてマスコミを通じ、世間の多くのかたがたと同じような情報を持っている私は、皆様におしらせするような目新しい話の持ち合わせがない。

今日のような情勢下で、情報も特にない私が意見を述べても間違っていたら申し訳ないと思う。世間の皆さまに申し訳ないし、また過去の勤務先に対しても誤まったことを述べては申し訳ない。

そのように考えると、私はここで大震災に触れることはやめるべきかと迷ったが、電力の歴史を書いているのに、一切触れないわけにもいくまいと考え、若干の感想を述べさせて頂く。

以下に記すことは、東京電力とは全く関係のない私個人の意見であることを、おことわりさせて頂く。

OBとしての苦しい心境

福島第一原子力発電所で全く予期しなかった事故が発生し、被災地をはじめ全国各地各方面から東京電力に対し、非難の嵐が吹き荒れていることを、マスコミを通じ、震災以来毎日のように知らされ、OBの私は頭をかかえ、肩身のせまい日々を送っている。被災地のかたがたのご苦労は、東京に住む私共には本当にはわからないことであろうが、私としては大きく胸が痛む。そういう中で東京電力のことを心配するのは何事かと思われるかもしれないが、私は勤め先であった東電を信頼し、大切に思っていただけに、東京電力が非難を一身に浴びていることが無念である。

東京電力というのは、とても地味な会社だが、世間の中で必要な要素である電力という商品を、ひたすら縁の下の力持ちとして一生懸命、社会にお届けしてきた会社であって、派手ではないが黙々として世のため、人のためと思って努力してきた会社であると私は思っていた。仕事の性質上、電力が地味で目立たないことはやむを得ないが、世間に向かって恥ずかしくない仕事をしてきた、と思っていた。

世間のかたが東京電力をどう見ておられたかはわからないが、私は東京電力という会社に在職した人間として東京電力を信頼のおける会社と思ってきた。私は自分が信頼してきた東京電力が袋だたきにあっている姿を見て、本当に悲しい思いを抱いている。

私は今回の事件について、特別の情報を持たないので、本当の責任がどこにあるか判断できないが、東京電力の現職の人がトップから現場に至るまで、世間におわびしている姿をテレビなどで観ている。私も過去に在職したOBとして、被災者および世間の皆さまに深くおわびとお見舞を申し上げます。

今回の事件について私は正確に承知していないので、意見は言えない。

私が述べたいのは、私が知っている電力会社というのはどういう会社であったか、という「過去の歴史」である。

地元採用中心の真面目で正直な社員

前号にも述べたが、東京電力では、その前身の東京電燈や関東配電の時代から、関東地方の地元に根をおいたような地味な人々を採用したようだ。そのため、私が入社早々から感じたのは、真面目で正直な人が多いことだった。私の入社の頃は当時は学歴としては旧制中学や新制高校卒の人が多かった。現場の電気供給は、そういう人たちが本当に真面目に真剣に取り組んでいた。

私は現場の支社長をしていた頃、そういう作業員が台風の時、激しい風雨の中を現場の復旧に出発するのを支社の玄関で声をかけて見送りながら、彼等の献身的な努力に感動したものだった。こういう現場を守る人たちは、長年現場の仕事を真面目に勤めるので、作業の技術が向上するのはもとより、現場を熟知するようになり、地元のお客さまとの対応もスムースであると、私は管理者として心強く思うことが多かった。原子力現場でも同じように、真面目で正直な人たちが作業に従事していると私は考えている。東京電力は広大な営業区域のすみずみまで設備を張りめぐらしているので、安全には常に全力を注いでいるが、無数の設備に全くの無事故はあり得ない。私共の自宅でも設備は経年劣化により故障が起こるのである。

事故発生の時、当社の現場では作業員が大急ぎで修理をするが、私のいたような配電の現場には機転のきく社員がいて大声で情報を提供し、周辺のかたがたに安心して頂くケースが多かった。

私のイメージにある東京電力は、そういう姿だった。ところが今度テレビを見ると地震直後の放映では東京電力の説明者の姿が、私が在職中の現場の人々の真面目で愚直であるが、生き生きした姿とちょっと違った印象を受けた。

私一人の老齢の弱い視力なので違っているかもしれないが、はじめの頃はメディアに対し、本部の方の設計や構造に明るい人が現場の話をした場合があり、その辺に私との感覚の差が感じられたケースがあったのではないか。それから関係各方面からの注文があって、それに気を使って、言いたいことが言えないこともあったかもしれない。さらにマスコミの報道姿勢には適切なものがある一方では、反原発の強い意志というか故意に意地悪の質問があって、それに対応するには、ウブで真面目過ぎるとか、そういう原因が重なって、ありのままの率直な態度がはじめのうち表に出にくかったのではないか、と思うようになった。

私は今度のマスコミの二十四時間にわたるような空前の実況報道があって、国民への情報公開が丹念に行なわれたことは、わが国のマスコミの努力や影響力は大変なものであると思う。一方、これを取材を受ける側から考えると、生き物である機械と取り組んで仕事をしている人間が取材にお答えするのは、仕事とマスコミ対応の二つの仕事を同時並行することであり、それを寸時もおくれず対応することは人間の能力の範囲でどこまで可能なのか、私のような能力の乏しい人間にとっては想像を絶することである。国民に可能な限りのスピードで情報を伝えるのは大切なことであるが、今回のような場合は、現場は修理に命がけで不眠不休の努力をしている場面で、大勢の人がとり囲んでどなりつけるような状態というのをどう例え話をしたらわかり易いかと考えたが、余りよい例が浮かばない。

例えば大掃除をしている人に、周囲の大勢の人たちが、今掃除機でどこを掃除していてその成果はどうか、今はどこにはたきをかけているのか…等々洩れなく報告しろを言われたら、大掃除はうまくやれるだろうか。または真剣勝負で決闘をしている人に、剣を一ふりする毎に報告しろといったらどうなるか、という例え話を考えてみた。

私は今回のような、複雑、困難な情勢では全体を大きく把握する人がいて、状況の回復、改善を優先した体制づくりが大事だ。その回復、改善の促進に焦点を合わせて、可能な限り最適時に重要事項の公表に最善の努力を傾注すべきではないかと思った。コトバの問題だが、私は「復旧」と言わないようにしている。元通りにするのではなく、新しい考え方を入れてなおすのが大事だ。

私は全く個人の意見であるが、優先順位が大切で、災害の修理、改善を最優先に処理することが第一で、関係各部門の責任追及はなされるべきであるが、時間をかけて慎重に適切に総合的視野に立って判断が下されるべきであると思う。また今回の地震、津波、原子力のような重大問題については、日本人の存続、人類の存続という観点に立って立派な哲学が根底に必要であると共に、現実を直視するという姿勢も（四月二十日、日経朝刊・野中郁次郎氏）大切である。現存の人のお名前をここであげることは、私はご遠慮し、過去の歴史に触れたい。

私の在社中の歴史を述べると東京電力の本部勤務の方は、概して大学出が多かったが、公益事業ということでやはり真面目な人が多かった。公益事業の性格を承知した人が応募したことが多かった故だろう。私の入社した頃がちょうど世界的に原子力発電の導入準備期で、私は事務屋であったが原子力準備の課に配属された。会社は原子力の技術部門に、東電内の各種技術部門の俊秀を選んだ。彼等は欧米の技術書を読み、日本に現場がなかったので欧米（とくに米国）のメーカー、研究所等に派遣され、勉強した。私は事務屋なので後方部隊をしていたが、原子力技術者はきわめて優秀だが、現場がないため現場経験がないのに比べ、火力発電は当社自身、たくさん建設し保有しており、技術も原子力発電に近似しているので、原子力技術者と火力技術者を人事の交流をしたら将来のためになると考えた。反対もあったが同じ考え方の人がおられ、ご相談するうち実現した。これは後日のため、よかったと考える。

今日でも東京電力内では原子力技術部門は優秀な技術陣の集まりとして団結力も固く、頭脳集団として目立つ存在であるが、その後も他部門との人事交流など原子力部門の社会性を増すような努力が行なわれていると聞いたことがある。

東京電力の原子力発電所の第一号が福島第一発電所一号機であるが、これは米国GE社が開発完成した軽水炉（GE社のは沸騰水型）である。わが国の第一号が国産でないのを残念がる方もおられるかもしれないが、これも敗戦のおかげであり、当時はそういう情勢であった。

日本の発電所建設技術は戦前から米国を追いかけていた。若干おくれているが、かなり近い距離にあった。ところが戦時中の開発のおくれで大差がついた。米国は核分裂に成功し、原爆、水爆を完成した。そして戦後になってアイゼンハワー大統領が原子力の平和利用を宣言し、原子エネルギーを爆弾ではなく、発電所のために利用する時代が到来した。

GE社は軍事利用の技術もふまえ、原子力発電所の開発に成功した。日本は戦中戦後にかけ、はるかにおくれたランナーとなったので、将来のエネルギー構造上、必要と考えられた原子力発電第一号炉は米国からの輸入とせざるを得なかったのである。今日ではGEと並ぶ大会社で軽水炉のもう一つのタイプ加圧水型の開発社WH社を日本の東芝が合併するなど、日本の発展も驚く程である。しかし戦争直後の情勢で、日本の電力だけでなく政府はじめ各界が原子力輸入を進めたのは、私は正しい選択だったと思う。

半世紀先の予言を適中させたGE社の驚くべき技術

GE社の技術力が如何に優秀であるかを示す話を私の体験の中から紹介したい。

昭和四十年代（一九六五年頃）のはじめ、私は原子力産業会議の調査団の一員として渡米し、GE社を訪問した。同社はその時、原子力発電の将来展望について、当時の世界で言われてなかった新事実を我々に語った。

本書第一章の中程で前述したので、ここでは当時の情勢を中心に述べると、米国大統領の平和利用宣言を受け、開発能力のある国々が原発の開発競争中で、優劣はまだ決定的でなく、米国の軽水型（BWRとPWR）、英国の黒鉛減速ガス冷却型が有力視され、すぐ続いてウラン燃料を何度も再利用できる高速増殖型が実用化されるとみられていた。GE社は、自社のBWRが即時実用化し、二十一世紀まで世界市場を支配する。高速増殖型は二十一世紀までには使えないと述べた。――という衝撃的な内容であった。

この発言を引き出したのは団員の中にはGE社と親しいすぐれた人があって、その人の質問が当を得ていたことによる所が大きい。

さらに衝撃的なことは、右記GE社の将来予言は、予言時から四十~五十年経過した現在、完全に適中しているのである。人間は将来を予測することは困難である。しかし、ここに述べたことはGE社が、これから売り出そうという商品についての四十~五十年先を見通した（適中した）ということである。これはGE社の持つ技術力が如何に卓越したものであるかという証明であると思う。

GE社との会見のあと時が経つごとに私はGE社の予言の当たったことに思い当たり、GE社の技術のすばらしさへ感嘆を深めていった。その一方で恐らくGE社は開発途中で失敗もあり得たであろうが、一つは軍事機密の壁があり、開発が保護されたこと、もう一つは米国では専門家に対する尊敬があり、新規技術の開発への理解が深いことなど、日本と異なる技術開発環境が追い風になったのではあるまいかと想像するようになった。

事故が起こると予想できなかった私

GE社の技術がこのように卓越している上に、日本国政府の安全基準に適合した設計、建設を実施し、優秀な東京電力の技術陣が運転してきた福島原子力に、今回のような事故が起こるはずはないと私は考えてきた。これは私一人で思っていたことであるが、東京電力内部でも自社の技術についての自信は強かったのではないか。また世の中には私と同じ考えをお持ちのかたもいらっしゃるのではないかと思う。

原発技術についての自信と電力業は他産業にくらべて比較にならない程の安全のための金を使ってきていることから、事故は起こらないという自信が強く、そのことが事故が千年に一回の津波で起きてしまった時の対応に影響があったかもしれないと私は思う。

千年に一回の事故であっても、すべて東京電力のみが悪いという意見が多いようだが本当にそうであろうか。私は眼前の事態を見て、予測できなかった私について反省しながら苦しみをかかえて考えている。

「歴史」の見方に立つと、東電は反省すべきだが、東電のみが一〇〇％悪者なのか？

今回の福島第一原発の故障により、現地のかたがたをはじめ全国民に、放射能について多大のご心配とご迷惑をかけ、誠に申し訳なく心からおわび申し上げます。私は毎日悩み、心苦しい思いをしています。

現役でない一個人として、「電力の歴史」執筆者として、一言だけ、ご意見を聞きたいことがあります。今回の一連の問題で国民の皆さまが被害者となられた中で、東京電力だけは加害者と見られているようだが、その見方についてご質問したい。

東京電力は千年に一度の津波を受け、それを防ぐのに失敗し、福一で大被害をこうむりました。この防げなかった点をおわび申し上げますが、東京電力自体は防げなかったことにより大被害を受けたので、その意味では被害者でもあります。しかし防げなかったのは東京電力の落ち度であるとして、激しい非難を浴びています。

千年に一度と言われる大津波で、東京電力は別に述べたような色々の安全対策を講じていたが防げなかった。そのことに対し、東電の安全対策はゼロだ、失敗一〇〇%だと、攻撃されているようだが、それは少し事実と違うのではないか、とご質問したいのです。

東京電力は責任を感じ、修理に全力を注ぐと共に、地元など被害を受けるかたがたに誠意をもって補償金を払うとテレビなどで述べ、謝罪の意志を示しています。

その意味で東京電力は落ち度を認めていますが、だからと言って日本の多くのかたがたが被害者であるが、東電一社だけが一方的に加害者とみなされるのは、どうなのでしょうか。

原子力発電は国内で反対のかたも居られますが、長い間、政府はじめ多くのかたのご支持を得てやってきたことです。原発に反対のかたも賛成のかたも皆さん国のため、世の中のためを思って意見を持っておられるのですから、よく話し合うことが、大切だと思います。本誌三月号でも述べましたが、日本の有識者のかたが、日本は世界各国の中で最も安定した電力供給が行なわれていると新聞紙上で、おほめの言葉を下さっていました。これは日本の豊かさ、幸せに寄与しているという意味で書かれていると思われますが、この安定な電力供給は、天然資源が乏しい日本で、原子力発電が行なわれているから可能になっていると私は信じています。このように大切な原発をどうするかについては、今日の混乱のさ中で、性急に結論を出さないで国民の皆さまにじっくりと検討して頂いて結論を出して頂くようにお願いしたく存じます。

原子力発電は、政府だけでなく、立地した県や関係の皆さまからも、長年、多大のご理解、ご支援を頂いてきており、電力会社に不行届きの所があればお詫びしますが、皆さまのご親切には心から感謝をいたしております。

今回は故障修理について自衛隊、警察、消防などのかたに多大の献身的ご助力を頂き、深く感謝しますが、東京電力の現場作業者も自己の生命、安全を危険にさらして必死で修理に努めています。

私はOBですから電力会社をほめることは、なるべくご遠慮したいと思いますが、私が上記に述べてきたことは、身内ぼめでなく、事実をそのまま申し上げたつもりです。

東京電力は、まず大至急に確実に故障の修理に努める、補償を誠実に行なうと共に、今回の経験を反省してより改善された設備づくり、運転の確立に努めなければならないと思います。

法律的な責任論は、法律の解釈論もあり、新規立法の問題もありますので、ここで触れませんが、社会常識として千年に一回の大津波があった時、原発施設者のみの全責任になるというのは、一寸ふつうでない考え方ではないかと思います。

以上述べてきたことは、私は責任逃れをしたいからではありません。私はとるべき責任はとるべきと考えます。ただ、お国のために、いっしょうけんめい電力供給に努力してきた電力会社のみに、どさくさにまぎれ、すべての責任を押しつけようと考えている人はいらっしゃらないと思いますが、日本の皆さまが責任の問題についてもう一度よく考えて頂きたいと私個人はお願いを申し上げます。

私は老齢の病気持ちで今回のように多くのかたがたが難儀をしておられることに何のお手伝いもできないことも申し訳なく、先日、東電ＯＢのかたからお声がかかり、僅かな寄付をさせて頂きましたが、少しでもお役に立つことを見つけたいと思っています。

原子力発電を今後どうするかについては国中のご意見を広くうかがって、人類の将来のあり方、生き方を考え、しっかりした哲学の上に立ったご意見がまとまることを祈っています。

原子力は石油価格交渉の切り札だった

私は日本が化石燃料がほとんどなく、原子力がなければ、外国からの輸出が制限されたり、途絶えた時、大変な危機に陥ると考えています。それだけでなく、余り言われていませんが、産油国から油を買う時、今までは高く吹きかけられれば私共には原子力がありますから、と言って交渉上の力を得ていましたが、原子力がなくなれば交渉上の切り札がなく産油国に強く出られるのも大変に心配です。

日本は原子力を必要とすると私自身は考えますが、原子力は国だけでなく人類の将来にかかわる大問題で議論を尽くして頂きたいと思います。

私のお願いしたいのは、現在、緊急事態なので優先順位が大切だということです。各界の皆さまに被害地の再建、生活支援と福一原子力の修理を第一優先にして頂くこと、それに続く諸問題は長期的に検討対処して頂くこと、国難であるので、わが国の総力をすべてつぎこむこと、石原都知事が当選会見で言われたように、わが国の優秀な官僚を官僚にふさわしい場で活躍して頂くことなどを心から望んでいます。今回のことは国難であり、わが国の力をすべて動員すべきだと考えるからです。

論ずべき課題は多いことと思いますが、内容を限定して執筆しました。私の立場上、「過去の歴史」についての私一人の個人的感想に限って述べさせて頂きました。執筆は私一人が行ない、誰にもご相談しませんでした。

あとがき

平家、海軍、国際派

あとがきの冒頭に書いた見出しは、約三十年前、会社から英国駐在の辞令を受けた時、あるかたから私に頂いた言葉である。私が辞令を受け社内の挨拶まわりをしていると、ある顧問の所で、ほかのかたとは一味違うお答えがあり、びっくりした。

「君は外国へ行くそうだが、日本では『平家、海軍、国際派』という言葉がある。心して行くように」というお答えであった。

この意味は「平家は源氏に敗れた。海軍は陸軍に対し弱い。国際派は日本では国内派にくらべ弱い立場にある」ということと思われ、英国に行くというのは、そういう立場に立つことであるから、心して行動するように」というご趣旨と思われた。

事務系の社員は、ほとんど外国に出ることのない会社に育ったので、私は外国駐在の辞令を受けることは全く予想していなかった。そのため自分でつとまるであろうかと考え、全力投球しなければと緊張していたが、この顧問の言葉を受け、実績を上げるためには微力ながら一層努力しなければならないが、立場が弱いとすれば、より慎重に行動しなければならないと考えた。

私共と同じエネルギー供給業の東京ガスの親しいかたに会った時、誰から聞いたと言わず、「平家、海軍、国際派」の話をしたら、次にあった時から「平家、海軍、国際派の井上さん」と呼ばれるようになってしまった。

その後、約4年にわたり、英国では懸命に働いた。その頃の日本人は本当によく働いた。私の会社の人間も日本で実によく働いていたので、外国駐在の私が、本国の皆さんと別れていても、ほとんど休みもとらず、昼夜を問わず、日曜休日も風雨の日も働きづめであったのは、当然のことであった。激しく働いたという記憶だけは強烈であるが、私が果して何程の成果をあげることができたかは定かでないことである。

ただ私としては「平家、海軍、国際派」という、鋭い、私に対する適切なご注意としてであろう強く印象的な送る言葉で幕が開いた私の駐在生活は人生の中で思い出に残っている。早くも三十年前のこととなったとはいえ、ここら辺で回顧し、しめくくりをしてもよいと思われる。

事実は小説よりも奇なり

私共人類にとって人間の歴史ほど面白いものはない。人間がこの地上に住みついて、今日この地球を支配するようになるまで、人間がどのように努力して今日の地位を築いてきたのか、まさしく事実は小説よりも奇なりであって、どの断面を切っても、興味の尽きぬドラマである。

凡人の私であっても、自分の歩んだ人生で体験し、見聞してきたことの中には、皆様にもご興味のある内容も含まれているのではないかと思ったので書かせて頂くことにしたが、その中でも英国駐在時代のことは私にとって驚きの多い経験であったし、多分読者の皆様にもご興味があるのではないかと思い、比較的くわしく取上げさせて頂いた。

私の仕事の内容よりも英国と日本との文化の違いを感じさせる部分の方が、皆様に、より多くのご興味があると思い、そういう部分をご紹介することに心がけた。

日本人通訳の意図的誤訳が日本人の国際理解に影響

日本人は世界各国の知識については、世界中でも一番くわしい方の人種ではないかと思う。しかし外国人の物の考え方は一番知らない人種ではないか。それは私自身がそうであって、英国で痛感したことである。

一国が独立を維持するのに一番大切なのは、外交、防衛、安全保障であり、これらに問題をかかえる日本が、外国人をこれ程知らなくて大丈夫かというのは、私の中の長い間の課題であった。

ごく最近わが国の代表的外交官の一人の岡崎久彦元駐サウジアラビア大使にお目にかかったが、お目にかかった時、ご質問したところ、日本人はその人間性については世界において高く評価されているので、その面では余り心配しないでもよいでしょう、というお言葉があり、心強く感じた。

だが私の長年の心配であるので、少しだけ気になった例をあげる。

私はある英国人バスガイドの英語が非常に美しく正確と感じバスを下りる時賞讃したところ、彼女の返事は、私が日本語に直訳すると「私は自分がそうであることを誇りに思います」であった。

英国人バスガイドの英語を日本人通訳に通訳してもらうと、

「おほめ頂いてありがとうございます。」か、

「それほどでもございません。」または

「そんなにおっしゃられ恥かしい。」などと訳すのではあるまいか。これは英国人の言葉を日本人的感性に合せて訳せば、そうなるので、通訳を使う日本人には、すんなりと受けとられる言葉で、日本人通訳としては合格であろう。

しかし英国のバスガイドが本心で何を言ったか、ということは、この通訳は伝えていない。このバスガイドは、自分は自分の仕事と能力に誇りをもっており、それが私の誇りであることを私は喜んで申し上げます。と言っているのです。

日本人は謙譲《けんじよう》の美徳を大切に思っており、自分の才能をひけらかせない、自分に自信があることも、ひかえ目にいうか、むしろ否定する、というのが国民性のようですが、欧米人は、それと全く異なるのですね。

以上の例は些細な日常の出来事で大きな問題では恐らくないでしょう。しかし、ここにあげた例で私が心配に思うのは、日本人が外国語を上手でなくてもよ

いが、非常に大切なことを通訳まかせにすることが多く、通訳が善意であるが、通訳のやとい主の耳に入り易い意訳をすると、大きな誤解が生ずる恐れはないのか、こういうことが重なると欧米人との間、あるいは外国人との間の真の国際理解が妨げられるのではないか、ということです。

人間社会というのは、すべてがエリートではありません。私はエリートの中の一部でよいと思いますが、国を代表するエリート層の中に英語（または外国語）が母国人のように話せる人を育成する必要は大きいと思います。言葉は字面《ジズラ》だけではありません。言葉は思想です。エリートの中に原語のしゃべれる人という意味は、哲学、思想も語れるような人という意味です。

小学校英語教育に注目

もう一つ、小学校からの英語教育にも慎重に対処してほしい。

英語は世界語ですから、早く親しみを持たせることは悪いことではないでしょうが、絶対に日本語教育を劣化させてはなりません。明治、大正のすぐれた人たちは日本語（口語文と文語文）、漢文、英語のいずれをもマスターした人が多かった。今の教育はひ弱となっていて日本語教育も虚弱化の恐れがあるので、英語導入により日本語教育を更に低下させることは絶対に避けるべきである。

小学校英語教育については、しかし、やる以上は、軽薄な会話に堕さないよう気をつけて、吸収力のある幼少の年代には、気品のある英語の文例と文法をしっかり教えてほしい。私の中学で学んだ英語の教科書の文例はすばらしく、私は今も孫の前で暗誦してみせ、孫を悩ませている。例えば誕生祝の言葉は、今はハッピー　バースデー　ツー　ユーの一点張りだが、私の教科書では英国人の召使が、ご主人に当る少年に述べる祝い言葉で、メニー　ハッピー　リターンズ　オブ　ザ　デイ　マスター　ジョージというのだった。「このよき日が、たくさん、幸わせにくりかえされますように、ジョージお坊ちゃま」という意味であるが、この文例は孫の興味をひいたようだった。

小学校英語教育は日本の将来に大きなかかわりがあるので、大事に取扱って頂きたい。

電力会社の信用の問題

最後に、本書の中で私が力を入れた英国と日本の電力会社が二十世紀の世界歴史を動かす大影響を与えた説について述べる。

以上二つの英国と日本の電力会社がなし遂げたことは、二十世紀以降に電力会社が果すようになった役割を示している。電力会社の役割は、地味ではあるが、なくては困るものとなったから、歴史を動かすようにもなったのである。

今回の福一事故で、東京電力にこれほど批判が集まるのは、どういうことでしょうか。事故は私は予想していなかったが、反省しています。東京電力はマスコミを通じ謝罪し、賠償も明言しています。しかし平素電力会社が休むことなく電力をお送りしていることは世界の中でも最高水準と言われていますのが、今回の事故発生後は、日本の中で東京電力一社が、すべての悪の代表のように言われています。私共の会社は人並みの会社で長所も短所もありましょうが、まじめ人間の集まりで、一生懸命やって参りました。私はまじめに一生懸命やっている会社であることは、お客様にある程度お認め頂いていると思っておりましたが、報道を通して、日本一の悪者と言われ続けていると、大震災前は私共はご信用を頂いていると思っていたのは、どうなってしまったのかと思います。

震災以後、私はお知り合いにお詫びを申していますが、東京電力だけが悪いわけじゃない。東京電力は長年のおつきあいで信用していますよ、とおっしゃるかたが少なくはありません。

私は本書を書き終えた今、本書をご高覧下さる皆様が、東京電力は、まじめで一生懸命、皆様のお役に立つよう電力供給につとめている会社であることをご理解頂きますよう、心からお願い申し上げます。

参考文献

「電力百年史」前・後篇　編集・発行小竹即一　政経社発刊
「松永安左エ門翁の憶い出」上・中・下巻　電力中央研究所発行
「松永安左エ門の生涯」小島直記執筆「松永安左エ門」伝記刊行会
「電力再編成日記抄」近藤良貞著　光風社書店
「興亡」大谷健著　白桃書房発行
「激動の昭和電力私史」大谷健編著　電力新報社発行
「電力戦回顧」駒村雄三郎著　電力新報社発行
「開発援助の経済学」西垣昭ほか著　有斐閣
「対米開戦の原因」小林俊二著　南窓社
「爽やかなる熱情」水木楊著　日本経済新聞社刊
「闘電」志村嘉一郎著　日本電気協会新聞部
「世界一の電力会社東京電力の実態」小竹即一著　政経社発行
「電力人風雲録・辛苦から隆盛へ」上・下　電力人物取材班　政経社発行
「電力三国志東京電力の巻」鎌倉太郎著　政経社発行
「随意随作」進藤武左エ門著　朝日書院刊
「現代史を創る人々」中村隆英、伊藤隆　毎日新聞社刊
「日本の『創造力』」13　NHK出版刊

「少年老い易く―米寿万感雑記」井澤幸夫著
「井上角五郎は諭吉の弟子にて候」井上園子著　文芸社刊
「日本人に生まるる事を喜ぶべし」井上琢郎著　（株）財界研究所刊

年表（日本の電力・松永安左エ門氏生誕より他界まで）

年号（年）	電力関係	国際・国内情勢
明治8年（1875）	松永安左エ門出生	
11年（1878）	電信中央局の開業式でアーク灯点灯	
16年（1883）	東京電燈（東京電力の前身）が日本初の電力会社設立許可（19年開業）	
18年（1885）		日本初の内閣（伊藤博文首相）
22年（1889）		憲法発布（大日本帝国憲法）
23年（1890）		第一回帝国議会
27年（1894）		日清戦争開戦
28年（1895）		日清戦争講和
35年（1902）		日英同盟調印
37年（1904）		日露戦争開戦
38年（1905）		日露戦争講和
大正3年（1914）		第一次世界大戦（ドイツに宣戦）
7年（1918）		第一次世界大戦終了
10年（1921）		日英同盟廃棄
12年（1923）	松永翁、震災の混乱に動ぜず、電力長期構想立案（昭和26年の電力民営化で実現する）	関東大震災
昭和5年（1930）		浜口内閣が金解禁

6年(1931)		満州事変
7年(1932)	民間協調の電力連盟結成	満州国建国
11年(1936)		二・二六事件
12年(1937)		支那事変始まる
13年(1938)	電力国管法等成立	国家総動員法成立
14年(1939)	日本発送電設立	第二次世界大戦
15年(1940)	電力国策要綱（配電の国管）	大政翼賛会結成
16年(1941)		太平洋戦争始まる
17年(1942)	九配電会社設立	
20年(1945)	火力発電所の半分の賠償を求めるポーレー使節団報告	日本の敗戦（日本では終戦と表現）
21年(1946)	電産協、日発、九配電が民主化声明	新憲法（日本国憲法）公布
22年(1947)	電産結成大会	二・一スト中止命令
23年(1948)	電気事業に集中排除法の指定	
24年(1949)	電気事業再編成審議会発足（会長松永安左エ門翁）	中国共産党政権成立
25年(1950)	再編成審議会答申　マッカーサー元師が再編成促進書簡 ポツダム政令により民営電力発足決定。 公益事業委員会が12月発足	朝鮮戦争始まる
昭和26年(1951)	5月九電力会社発足 新電力会社、料金値上げ申請	日本、連合国と講和条約　独立回復
27年(1952)	電源開発促進法成立 電源開発会社発足	

28年（1953）　電気事業スト規制法公布
29年（1954）　企業別組合の電労連結成
42年（1967）　動力炉・核燃料開発事業団の発足
46年（1971）　松永安左エ門翁死去
　ニクソン大統領の中国訪問発表

【著者紹介】

井上　琢郎（いのうえ・たくろう）

1930年生まれ。53年東京大学法学部卒業後、東京電力入社。同社初代ロンドン事務所長、理事を経て89年同社退社。東京熱エネルギー社長などを経て、2000年会社生活を終了。その後、文京女子大学生涯学習センター、読売・日本テレビ文化センター各オペラ科講師を経て、現在ＮＰＯ法人日本ヴェルディ協会常務理事、ＮＰＯ法人調布市民オペラ振興会理事、オペラ・オペレッタクラブ代表。

リーダーと電力

2011年6月29日　第1版第1刷発行

著者　井上琢郎

発行者　村田博文

発行所　株式会社財界研究所

［住所］〒100-0014　東京都千代田区永田町2-14-3赤坂東急ビル11階

［電話］03-3581-6771

［ファックス］03-3581-6777

［URL］http://www.zaikai.jp/

印刷・製本　凸版印刷株式会社

ISBN 978-4-87932-077-3

定価はカバーに印刷してあります。